essentials

Essentials liefern aktuelles Wissen in konzentrierter Form. Die Essenz dessen, worauf es als „State-of-the-Art" in der gegenwärtigen Fachdiskussion oder in der Praxis ankommt. Essentials informieren schnell, unkompliziert und verständlich

- als Einführung in ein aktuelles Thema aus Ihrem Fachgebiet
- als Einstieg in ein für Sie noch unbekanntes Themenfeld
- als Einblick, um zum Thema mitreden zu können.

Die Bücher in elektronischer und gedruckter Form bringen das Expertenwissen von Springer-Fachautoren kompakt zur Darstellung. Sie sind besonders für die Nutzung als eBook auf Tablet-PCs, eBook-Readern und Smartphones geeignet.

Essentials: Wissensbausteine aus Wirtschaft und Gesellschaft, Medizin, Psychologie und Gesundheitsberufen, Technik und Naturwissenschaften. Von renommierten Autoren der Verlagsmarken Springer Gabler, Springer VS, Springer Medizin, Springer Spektrum, Springer Vieweg und Springer Psychologie.

Matthias Heyssler

Das Leben der Sterne

Teil I: Von der Dunkelwolke zum Protostern

Springer Spektrum

Dr. Matthias Heyssler
Mespelbrunn, Deutschland

ISSN 2197-6708 ISSN 2197-6716 (electronic)
essentials
ISBN 978-3-658-07495-1 ISBN 978-3-658-07496-8 (eBook)
DOI 10.1007/978-3-658-07496-8

Die Deutsche Nationalbibliothek verzeichnet diese Publikation in der Deutschen Nationalbibliografie; detaillierte bibliografische Daten sind im Internet über http://dnb.d-nb.de abrufbar.

Springer Spektrum

Gedruckt auf säurefreiem und chlorfrei gebleichtem Papier

Springer Spektrum ist eine Marke von Springer DE. Springer DE ist Teil der Fachverlagsgruppe Springer Science+Business Media
www.springer-spektrum.de

Was Sie in diesem Essential finden können

- Eine kompakte und physikalisch motivierte Beschreibung der wichtigsten Zustandsgrößen der Sterne, welche Ihnen für das Studium weiterführender Literatur ein wichtiger Begleiter sein wird.
- Eine detaillierte und umfassende Beschreibung der Voraussetzungen zur Sternentstehung in unserem Universum.
- Die Darstellung der Standardtheorie zur Entstehung von Sternen mit Bezug auf aktuelle Ergebnisse astrophysikalischer Forschung.
- Einen Einblick in weiterführende Modelle und Erweiterungen der Standardtheorie.

Vorwort

Neben den Grundlagen, welche in Vorlesungen und wissenschaftlichen Seminaren präsentiert wurden, stützt sich dieses Essential auf zwei Abhandlungen über das Leben der Sterne. Zum einen handelt es sich um das wissenschaftliche Werk von Helmut Scheffler und Hans Elsässer (Scheffler und Elsässer 1984), welches auch heute noch das Referenzwerk zur Physik der Sterne darstellt. Das zweite Buch, welches diesem Essential zugrunde liegt, ist die populärwissenschaftliche Zusammenfassung von Harald Lesch und Jörn Müller (Lesch und Müller 2011), die in wunderbarer Form die neuen Erkenntnisse zur Standardtheorie nach Maßstäben der aktuellen Forschung beschreibt. Für aktuelle Ergebnisse auf dem Gebiet der Sternentstehung wurde auf Artikel in der Fachliteratur zurückgegriffen. Der Komplexität des Themas geschuldet, beschränkt sich das vorliegende Essential auf die Darstellung der wichtigsten physikalischen Zustandsgrößen der Sterne, die für das Verständnis der dargelegten Theorien unverzichtbar ist und die spannende Entstehung der Protosterne aus den interstellaren Wolken. Ein zweites Essential knüpft an der Entwicklung zum Hauptreihenstern an, diskutiert die einzelnen Sterntypen und beschreibt die Prozesse welche zu den unterschiedlichen Endstadien der Sterne führen. In Summe liegen dem interessierten Leser dann in Form von zwei Essentials die grundlegenden Theorien zum Lebenszyklus der Sterne vor.

Mein Dank gilt dem Springer-Verlag in Heidelberg, insbesondere Frau Dr. Vera Spillner für die Möglichkeit, dieses Essential schreiben zu dürfen. Ferner möchte ich meiner Lektorin, Frau Katharina Harsdorf, ganz herzlich für ihre wunderbare Arbeit danken.

Dieses Essential möchte ich meiner lieben Claudia für ihre fortwährende Inspiration und Unterstützung widmen.

Inhaltsverzeichnis

1 Einleitung 1

2 Sterne und ihre Zustandsgrößen 3
- 2.1 Was sind Sterne? 3
- 2.2 Zustandsgrößen von Sternen 5
  - 2.2.1 Helligkeit und Leuchtkraft 5
  - 2.2.2 Temperatur, Radius und Masse 14
- 2.3 Klassifikation der Sterne 19

3 Geburt eines Sterns 27
- 3.1 Der Stoff aus dem die Sterne sind 28
  - 3.1.1 Es begann mit einem Loch im Himmel 29
  - 3.1.2 Voraussetzung der Sternentstehung 32
- 3.2 Von der interstellaren Wolke zum Protostern 34
  - 3.2.1 Temperatur und Dichte 34
  - 3.2.2 Das Jeans-Kriterium 34
  - 3.2.3 Dynamik interstellarer Wolken 37
- 3.3 Protosterne 45

4 Aktuelle Ergebnisse und Rückblick 49

Literatur 55

Einleitung

1

Das vorliegende Essential behandelt den ersten Teil des Lebenszyklus der Sterne. Beginnend mit Kap. 2 beschreibt es die Zustandsgrößen, die einen Stern charakterisieren. Diese Vorarbeiten sind notwendig um im weiteren Verlauf eine einheitliche Terminologie, basierend auf den physikalischen Parametern, benutzen zu können und ein gemeinsames Verständnis für die Theorie zu schaffen. Danach wird der Urstoff präsentiert, welcher die Grundlage eines jeden Sterns ist. Anschließend wird die physikalische Entstehung der Sterne aus den interstellaren Wolken beschrieben und es werden Bedingungen formuliert unter denen Sterne entstehen können. Der Hauptteil beschäftigt sich dann mit dem physikalischen Prozess des Kollaps einer interstellaren Wolke bis zu jenem Zeitpunkt, an dem zum ersten Mal von einer Vorstufe eines Sterns, einem sogenannten *Protostern*, gesprochen werden kann. Diese heute akzeptierte Standardtheorie der Sternentstehung beschreiben wir in Kap. 3. Das abschließende Kap. 4 wird diese Theorie mit aktuellen Ergebnissen der Forschung vergleichen und weitere Ergänzungen zur Sternentstehung vorstellen. Die Modelle stehen nicht in Konkurrenz, sondern schaffen ein vollständigeres Gesamtbild eines der faszinierendsten Prozesse, den das Universum bis in unsere Zeit bietet: die Geburt eines Sterns.

Wir versuchen einen möglichst ganzheitlichen Ansatz zu präsentieren. Dies erleichtert den Zugang zu der manchmal etwas komplexen Materie, erlaubt uns aber auch die Vordenker unseres heutigen Wissens um die Sterne entsprechend zu würdigen und eine logische Kausalität zu vermitteln. Auch soll ein Anreiz geschaffen werden, durch weiteres Studium tiefer in die Materie einzudringen.

M. Heyssler, *Das Leben der Sterne*,
DOI 10.1007/978-3-658-07496-8_1

Der Lebenszyklus der Sterne, von ihrer Geburt bis zu ihrem Tod, ist bislang gut beschrieben. Aber auch heute existieren Fragen, welche teilweise ungelöst sind. Es muss auch die Aufgabe einer Zusammenfassung sein, kritisch anmerken zu dürfen, dass in diesem oder jenem Punkt noch Forschungsbedarf besteht. Jede neue Mission in den Weltraum mit immer moderneren und leistungsstärkeren Instrumenten klärt bestehende Fragen, wirft aber ebenso neue auf. Dies sollte uns nicht entmutigen, sondern anspornen. Denn hätte es diesen Drang nach dem Ergründen des „*Warum?*" in der Vergangenheit nicht gegeben, hätten wir nicht ein so wunderbares Verständnis der komplexesten Prozesse im Universum, wie wir sie heute ganz selbstverständlich im Internet nachschlagen können. Gerade bei der Beschreibung der Geburt, des Lebens und des Todes der Sterne hat die Forschung bisher Großartiges geleistet, das zu würdigen mehr als lohnt. Denn wir alle stehen auf den Schultern derjenigen Menschen, welche schon lange vor uns den Blick zu den Sternen richteten.

Sterne und ihre Zustandsgrößen 2

In diesem Kapitel wollen wir das Objekt *Stern* definieren und einige beschreibende Parameter, auch *Zustandsgrößen* genannt, kennenlernen. Diese Vorarbeiten sind für das Verständnis der unterschiedlichen Entwicklungen und Typen von Sternen unabdingbar. Wir werden einige Begrifflichkeiten erklären und motivieren, die zum Wortschatz der Astrophysik gehören und die Ihnen das Studium weiterführender Literatur erleichtern sollen. Wir werden versuchen, diese komplexe Vorarbeit immer in einem ganzheitlichen Aspekt darzustellen um zum einen die Arbeiten von über 2 000 Jahren entsprechend zu würdigen und zum anderen Ihnen den Zugang zu erleichtern.

2.1 Was sind Sterne?

Die Prozesse innerhalb eines Sterns bewirken, dass er Licht aussendet, das uns nach einer mehr oder weniger langen Reise durch das Universum erreicht. Sprechen wir von der Zeit, die das Licht eines Sterns benötigt um uns Beobachter zu erreichen, dann beschreiben wir die Dauer in Größenordnungen von Jahren. Das Licht des uns nächsten Sterns α *Cen* benötigt etwa 4,4 Jahre auf seiner Reise zur Erde. Wir sehen also den Hauptstern im Sternbild *Centaurus* (bei α *Cen* handelt es sich um einen Doppelstern, daher sprechen die Astronomen von α *Cen A*, wenn sie den helleren der beiden Sterne und von α *Cen B*, wenn sie die zweite Komponente meinen) so, wie sein Zustand vor über vier Jahren war. Die Beschäftigung

M. Heyssler, *Das Leben der Sterne*,
DOI 10.1007/978-3-658-07496-8_2

mit dem Universum macht uns die Vergangenheit überdeutlich. Bevor wir einige Zustandsgrößen kennenlernen, wollen wir eine vorläufige Definition der Sterne geben:

- Sterne sind helle Objekte am Himmel, welche auch beim Blick durch ein Teleskop *punktförmig* bleiben.
- Sterne produzieren eigenes Licht, sind also *selbstleuchtend.*
- Sterne müssen *massereich* sein, denn wir wissen aus unserem Sonnensystem, dass die Sonne durch Gravitation andere Himmelskörper wie Planeten, Kleinplaneten oder Kometen bindet bzw. ihr Schwerezentrum darstellt.
- Sterne müssen teilweise sehr *leuchtkräftig* sein, denn selbst weit entfernte Sterne sind für uns noch mit bloßem Auge sichtbar.

Klären wir noch zwei Fragen, ehe wir zu den Zustandsgrößen der Sterne kommen:

Woher kommt die Bezeichnung Stern? Diese leitet sich von den lateinischen Worten *stella* (Stern) und *astrum* (Stern, Gestirn) her.

Wie viele Sterne gibt es in unserem Universum? Mit dem bloßen Auge können wir abseits der Städte auf der nördlichen Halbkugel etwa 5 000 Sterne sehen. Würden Sie um den Globus reisen und jeden Teil des sichtbaren Himmels durchmustern, würde diese Inventur etwa 9 000 Sterne ergeben. In unserer Galaxis existieren etwa 100–200 Mrd. Sterne. Dies ergaben Himmelsdurchmusterungen der letzten Jahre und unsere Galaxis ist von eher durchschnittlicher Größe. Elliptische Galaxien haben teilweise bis zu zehnmal mehr Sterne als unsere Galaxis. Untersuchungen mit modernen Instrumenten wie dem *Hubble Space Telescope* oder dem *Herschel Space Observatory* ergaben, dass es etwa 200 Mrd. Galaxien gibt. Das *Hubble Space Telescope* fotografierte einen Himmelsausschnitt, der gerade einmal die Größe eines hundertstels Vollmonddurchmessers hatte. In dieser Aufnahme, dem sogenannten *Hubble Ultra Deep Field*, zählten die Astronomen etwa 10 000 Galaxien. Eine *isotrope und homogene*[1] Verteilung vorausgesetzt, ergibt sich so eine Gesamtzahl von etwa 200 Mrd. Galaxien. Diese Zahl ist aber als Untergrenze zu sehen, denn das Licht muss die Zeit gehabt haben um zu uns zu gelangen. Man spricht in diesem Zusammenhang von dem *beobachtbaren*

[1] Das *Kosmologische Prinzip* sagt, dass unser Universum *räumlich isotrop* und *homogen* ist. Mit *räumlich* meint man den Zustand des Universums zu einer festen Zeit. *Isotrop* bedeutet in diesem Zusammenhang, dass keine Richtung, *homogen*, dass kein Punkt im Universum ausgezeichnet ist. Aus der Homogenität und der Isotropie folgt eine maximale Raumsymmetrie. Der betrachtete Raumbereich muss aber so groß gewählt sein, dass die Materie im Mittel gleich verteilt ist. Das *Kosmologische Prinzip* wurde erstmalig im Jahr 1933 vom englischen Astrophysiker *Edward A. Milne (1896 – 1950)* formuliert.

Universum. Man darf nicht das Alter des Universums von etwa 14 Mrd. Jahren mit dem beobachtbaren Universum gleichsetzen. Denn während das Licht auf der Reise zu uns war, und das sind beträchtliche Zeiträume, hat sich das Universum in der Zwischenzeit weiter ausgedehnt. Man geht heute davon aus, dass das beobachtbare Universum eine Größe von 46,6 Mrd. Lichtjahren besitzt (Gott et al. 2005).

Multiplizieren wir die Anzahl der Galaxien mit der Anzahl der Sterne pro Galaxie ergibt dies etwa 10^{22} Sterne. Auf die Frage „*Weißt du wie viel Sternlein stehen* ...?" können wir also weiterhin beruhigt antworten: „*Sehr viele!*"

2.2 Zustandsgrößen von Sternen

In diesem Abschnitt wollen wir die Vorarbeiten zum Verständnis der Sterne leisten und die Frage beantworten, durch welche Größen sie sich kategorisieren lassen.

2.2.1 Helligkeit und Leuchtkraft

Blicken Sie zum Himmel, werden Sie feststellen, dass Sterne unterschiedlich stark leuchten. Einige sind heller, andere wiederum können wir nur gerade so sehen, nachdem sich unsere Augen nach einer gewissen Zeit an die Dunkelheit gewöhnt haben. Die Helligkeit der Sterne ist die erste Zustandsgröße, welche wir betrachten wollen.

In Abb. 2.1 sehen Sie einen Ausschnitt des Sternbilds *Schwan* (lat. *Cygnus*). Die Bezeichnungen einiger Sterne, welche auf *Johann Bayer (1572–1625)* und *John Flamsteed (1646–1719)* zurückgehen, haben wir hinzugefügt. Der deutsche Astronom Johann Bayer erstellte 1603, einige Jahre vor Erfindung des Teleskops, den Sternatlas *Uranometria*. Dem hellsten Stern eines Sternbilds gab er den ersten Buchstaben des griechischen Alphabets α, dem zweithellsten Stern den Buchstaben β usw. In Abb. 2.1 ist der, nach der Bayer-Logik, hellste Stern des Sternbilds *Schwan*, α *Cyg*, ebenso wie der nach Bayer vierzehnthellste Stern, ξ *Cyg*, zu sehen. Die Benennung durch Bayer spiegelt das subjektive Empfinden bei der Betrachtung der Sterne wider, welches wir oben motiviert haben. Die Sterne erscheinen uns auf der Erde unterschiedlich hell, subjektiv wird das Verfahren dadurch, dass die Entscheidung dem menschlichen Auge überlassen wird. Viele Sterne erscheinen uns gleich hell, da unsere Rezeptoren in ihrer Auflösung begrenzt sind. Schwächen dieses Systems stellten sich erst später heraus, zum

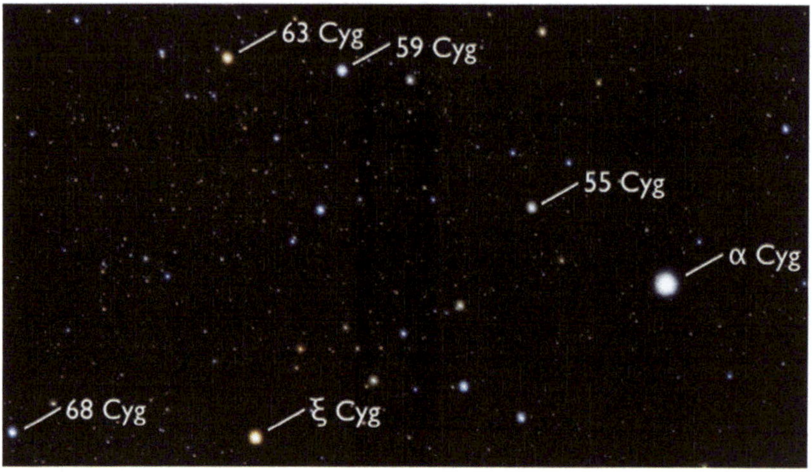

Abb. 2.1 Ausschnitt des Sternbilds *Schwan*. (Aufnahme: Leo Bette)

Beispiel die Tatsache, dass Sterne ihre Helligkeit in vergleichbar kurzen Zeiträumen ändern können. Nicht alle Sterne bekamen eine Bayer-Bezeichnung. John Flamsteed, ein englischer Astronom, der 1675 der erste Hofastronom im englischen Königshaus war, katalogisierte die Sterne pro Sternbild nicht nach ihrer Helligkeit, sondern nach ihren Koordinaten. Die Himmelskoordinaten wurden aufsteigend von Westen nach Osten festgelegt. In Abb. 2.1 ist Westen rechts und Osten links. So wird α *Cyg* auch als 50 *Cyg*, ξ *Cyg* auch als 62 *Cyg* bezeichnet. Auch das System von Flamsteed bekam seine Probleme im Laufe der Zeit. Denn wenn die Helligkeit der Sterne u. U. keine feste Bezugsgröße in der Zeit ist, so ist auch das astronomische Koordinatensystem keine solche im Raum. Ein astronomisches Koordinatensystem, das unsere Erde als Bezugspunkt hat, verändert seine Lage mit der Zeit, da die Erdachse durch den gravitationellen Einfluss der Sonne, des Mondes und weiterer Gestirne nicht absolut im Raum fixiert ist. Erdgebundene Messungen der Sternpositionen, aber auch durch Satelliten erzielte Himmelsdurchmusterungen haben den Sternen immer wieder neue Inventarnummern beschert. α *Cyg* wurde von der Mission *Hipparcos* der ESA, welche 1989 ihren Dienst antrat, neu katalogisiert und bekam beispielsweise die Bezeichnung HIP 102098. Mit einer bis dato nicht gekannten Genauigkeit wurden die Positionen, Eigenbewegungen und Abstände von über 100 000 Sternen gemessen. Die Vermessung der Sterne wird auch als *Astrometrie* bezeichnet.

Die Helligkeit der Sterne, welche wir auf der Erde wahrnehmen, wird als *scheinbare Helligkeit* bezeichnet und ihre Einheit ist die *Magnitude* (man spricht auch von der Größenklasse). Dieses System ist keine Erfindung der Neuzeit, sondern wurde bereits im zweiten Jahrhundert nach Christus benutzt. Der griechische Astronom *Hipparch (etwa 190–120 v. Chr.)* soll bei der Anfertigung eines Sternkatalogs die scheinbare Helligkeit bereits benutzt haben. Die Mission *Hipparcos* wurde zu seinen Ehren benannt.

Claudius Ptolemäus (etwa 100–160 n. Chr.) verwendete in seinem *Almagest* die scheinbare Helligkeit in seinem dreizehn Bücher umfassenden Werk, welches die astronomische Standardreferenz für Jahrhunderte darstellte. In seinem siebten Buch katalogisierte er den Sternbestand der nördlichen, in seinem achten Buch den der südlichen Halbkugel. In der Originalfassung finden sich zu jedem Stern vier Einträge: Die Bezeichnung des Sterns, sein Längengrad innerhalb der Konstellation, sein Breitengrad in Bezug auf die Bahn der Sonne und schließlich die *Schätzung der Größe*, welche der scheinbaren Helligkeit entspricht. Insgesamt teilte Ptolemäus die sichtbaren Sterne in sechs Größenklassen ein. Die hellsten waren von der Größenklasse 1, und jene, welche eben noch mit bloßem Auge sichtbar waren, wurden der Größenklasse 6 zugeordnet. Im Laufe der Jahrhunderte erfuhr der Almagest immer wieder *Verbesserungen* durch seine Übersetzer und Autoren. In einer lateinischen Version aus dem Jahre 1515, welche von *Petrus Lichtenstein* (Lichtenstein 1515) herausgegeben wurde, werden die scheinbaren Helligkeiten noch ganzzahlig angegeben, später wurden sogar Dezimalstellen verwendet. Es sei nur erwähnt, dass die Übersetzung des Petrus Lichtenstein die letzte Aufbereitung des Almagest war, bevor das Werk *De Revolutionibus Orbium Coelestium* des *Nikolaus Kopernikus (1473–1543)* im Jahre 1543 erschien und einen Paradigmenwechsel in unserem Weltbild einläutete. Für die scheinbaren Helligkeiten der Sterne α *Cyg* und ξ *Cyg* finden wir in der Ausgabe des Almagest von Lichtenstein (Lichtenstein 1515) die Werte 2^m bzw. 4^m, also einen Unterschied von zwei Größenklassen. Insgesamt katalogisierte Ptolemäus über 1 020 Sterne in 48 Sternbildern.

Die moderne Astrophysik misst die auf der Erde empfangene scheinbare Helligkeit nicht mit dem bloßen Auge, sondern setzt dafür Fotoplatten oder lichtelektrische Kathoden ein. Der subjektive Eindruck wird durch objektive Messung ersetzt. In beiden Fällen wird der Strahlungsstrom Φ gemessen, welcher auf den Detektor fällt. Der Strahlungsstrom ist die Energie, welche pro Zeiteinheit auf eine definierte Fläche des Empfängers trifft. Neben der Empfindlichkeit des Strahlungsempfängers spielt die Durchlässigkeit der Fernrohroptik, des Filters und der Erdatmosphäre eine wichtige Rolle. Misst man mit entsprechenden Apparaturen den Strahlungsstrom verschiedener Sterne, so stellt man fest, dass zwischen den hellsten und den schwächsten Sternen ein Faktor von einigen Milliarden liegt. Um mit leicht überschaubaren Zahlen rechnen zu können, werden die Helligkeitsunterschiede zwischen zwei Sternen als Differenz ihrer logarithmischen Strahlungsströme $\log_{10}(\Phi)$ angegeben. Um nun auch noch die Größenklassen eines Hipparch oder Ptolemäus annähernd beschreiben zu können, wurde von den Astronomen die Übereinkunft getroffen, einen Faktor $-2{,}5$ einzufügen (Scheffler und Elsässer 1984, S. 57). Die Differenz der scheinbaren Helligkeiten m_1 und m_2 zweier Sterne berechnet sich als Funktion der gemessenen Strahlungsströme Φ_1 und Φ_2 zu

$$m_1 - m_2 = -2{,}5\left(\log_{10}(\Phi_1) - \log_{10}(\Phi_2)\right) = -2{,}5\log_{10}\left(\frac{\Phi_1}{\Phi_2}\right). \tag{2.1}$$

Nehmen wir die im Almagest von 1515 (Lichtenstein 1515) angegebenen Werte zur scheinbaren Helligkeit von $\alpha\,Cyg$ ($m_1 = 2^m$) und $\xi\,Cyg$ ($m_2 = 4^m$), so ergibt eine einfache Rechnung mit Formel (2.1) als Verhältnis ihrer Strahlungsströme $\Phi_1/\Phi_2 = 6{,}31$. Der Stern $\alpha\,Cyg$ hat also einen mehr als sechsfach höheren Strahlungsstrom als $\xi\,Cyg$. Moderne Verfahren ergaben folgende Werte für die beiden Sterne:

$$\alpha\,Cyg: \quad m_1 = 1{,}25^m, \quad \xi\,Cyg: \quad m_2 = 3{,}72^m. \tag{2.2}$$

$\alpha\,Cyg$ ist also mittlerweile ein Stern erster, $\xi\,Cyg$ ein Stern dritter Größenklasse. Mit den modernen Werten ergibt sich $\Phi_1/\Phi_2 = 9{,}73$. Nach Formel (2.1) kann man leicht überprüfen: Unterscheiden sich die scheinbaren Helligkeiten zweier Sterne um eine Magnitude, so hat der hellere Stern einen um einen Faktor 2,512 höheren Strahlungsstrom. Nach dem System des Hipparch und des Ptolemäus lag zwischen den hellsten und den eben noch mit bloßem Auge sichtbaren Sternen eine Differenz von fünf Magnituden, was einem Faktor 100 bezüglich der Strahlungsströme entspricht.

Dies ist alles kein Zufall, denn die Wahrnehmung unserer Sinnesorgane vollzieht sich nach einem Grundgesetz, welches 1834 vom deutschen Physiologen *Ernst Heinrich Weber (1795–1878)* erstmals erwähnt und 1860 vom Physiker *Gustav Theodor Fechner (1801–1887)* formuliert wurde. Auch wenn sich die Intensität einer Wahrnehmungsquelle kontinuierlich ändert, gibt es Schwellenwerte, ab denen unsere Sinnesorgane einen Unterschied in der Intensität wahrnehmen. Dies ist das allgemeine *Weber-Fechner-Gesetz*, bei dem eine logarithmische Proportionalität zwischen der Intensität der Wahrnehmungsquelle und der tatsächlichen Wahrnehmung (Empfindung) besteht. Bezeichnet der Strahlungsstrom Φ diese Intensität und die scheinbare Helligkeit m die Empfindung, folgt Formel (2.1) exakt diesem Gesetz. Das Vorgehen eines Hipparch oder Ptolemäus, die Sterne nach der scheinbaren Helligkeit in Größenklassen einzuordnen, liegt also in der Natur des Menschen und ist reine Biophysik.

Um relative Differenzen der scheinbaren Helligkeiten mittels der Strahlungsströme berechnen zu können, muss ein Referenzwert gefunden werden. Man suche sich einen Stern, messe dessen Strahlungsstrom $\widetilde{\Phi}_\star$ und gebe ihm als Referenzwert die scheinbare Helligkeit $\widetilde{m}_\star$. Die scheinbaren Helligkeiten $m_\star$ der anderen Sterne erhält man dann, indem man ihre Strahlungsströme $\Phi_\star$ misst und Formel (2.1) anwendet. Man erhält

$$m_\star = \widetilde{m}_\star - 2,5 \log_{10} \left(\frac{\Phi_\star}{\widetilde{\Phi}_\star} \right). \tag{2.3}$$

Sterne, welche zur Kalibrierung der scheinbaren Helligkeit dienen, werden *Standardsterne* genannt. Für die nördliche Hemisphäre ist es sinnvoll Standardsterne zu wählen, welche *zirkumpolar* sind, also nahe am Himmelsnordpol liegen und somit permanent zu Kalibrierungszwecken genutzt werden können. Ein weiterer positiver Effekt ist, dass dadurch die Höhe über dem Horizont so gewählt werden kann, dass die atmosphärische Extinktion möglichst konstant bei allen Sternen eines Eichfelds ist. Eine Gruppe von 96 Sternen, die als *Internationale Polsequenz* bezeichnet wurde (Zimmermann und Weigert 1999), bildete die erste Standardreferenz. Ihre scheinbaren Helligkeiten lagen zwischen 2^m und 17^m. Mittlerweile gibt es rund um den Himmelsglobus solche Standardsterne und die Internationale Polsequenz aus den 1960er Jahren spielt heute keine wesentliche Rolle mehr. Mit Einführung der Fotometrie wurden z. B. Sequenzen von Sternen innerhalb von Sternhaufen wie den Hyaden oder den Plejaden vermessen.

Die Angabe der Helligkeit macht nur Sinn, wenn man den Bereich des elektromagnetischen Spektrums angibt, also die Wellenlänge λ, für welchen der Strahlungsstrom gemessen wurde. Durch den Einsatz geeigneter Filter, die nur für einen begrenzten Wellenlängenbereich durchlässig sind, kann der Strahlungsstrom Φ_λ pro Wellenlänge bestimmt werden. Der *Gesamtstrahlungsstrom* Φ_{bol} ist dann das Integral über alle Wellenlängen

$$\Phi_{bol} = \int_0^\infty \Phi_\lambda \, d\lambda \,, \tag{2.4}$$

und wird auch *bolometrischer Strahlungsstrom* genannt.

Unser Auge ist ein Detektor, welcher seine größte Empfindlichkeit bei einer Wellenlänge von $\lambda = 550\,\text{nm}$ ($1\,\text{nm} = 10^{-9}\,\text{m}$) besitzt. Dieser Wert entspricht

Tab. 2.1 Definitionen ausgewählter scheinbarer Helligkeiten

Spektralbereich		Scheinbare Helligkeit	Wellenlänge
U	(ultraviolett)	m_U	360 nm
B	(blau)	m_B	440 nm
V	(visuell)	m_V	550 nm
R	(infrarot)	m_R	$0,7\,\mu m$
I	(infrarot)	m_I	$0,9\,\mu m$
J	(infrarot)	m_J	$1,25\,\mu m$
K	(infrarot)	m_K	$2,2\,\mu m$

dem gelb-grünen Bereich des sichtbaren Lichts, denn die Empfindlichkeit unserer Augen ist stark an die spektrale Verteilung des Sonnenlichts geknüpft. Helligkeitsmessungen bei dieser Wellenlänge liefern die *scheinbare visuelle Helligkeit*, welche häufig mit m_V abgekürzt wird.

Abhängig von der Wellenlänge wurden weitere scheinbare Helligkeiten definiert (Scheffler und Elsässer 1984), welche wir auszugsweise in Tab. 2.1 zusammengefasst haben. Die Wellenlängen im Infraroten sind in μm ($1\,\mu m = 1000\,nm = 10^{-6}\,m$) angegeben. Die in (2.2) angegebenen Werte entsprechen der scheinbaren Helligkeit m_V.

Als *Farbindex* bezeichnet man die Differenz zweier scheinbarer Helligkeiten unterschiedlicher Wellenlängenbereiche. Für visuelle Beobachtungen ist der Farbindex $m_B - m_V$, welcher in der Literatur häufig als $(B-V)$-Farbindex bezeichnet wird, von besonderer Bedeutung, gibt er doch die Differenz der Helligkeiten zwischen einer Beobachtung im blauen (B) und visuellen Bereich (V) an. $(B - V)$ hat typischerweise Werte zwischen $-0,3^m$ und $+2,0^m$. Je größer der Wert, desto rötlicher erscheint uns der Stern. Dies folgt direkt aus dem *Wien'schen Verschiebungsgesetz*, nach dem sich die Wellenlänge λ_{max} eines schwarzen Körpers berechnen lässt, bei der seine Strahlungsleistung maximal ist. Es gilt der Zusammenhang $\lambda_{max} \propto 1/T_{eff}$, wobei T_{eff} die effektive Temperatur des schwarzen Körpers bezeichnet. Je heißer ein Stern ist, desto mehr verschiebt sich der maximale Strahlungsstrom zum kurzwelligen, bläulichen Bereich. Der Stern α *Cyg* hat den $(B - V)$-Farbindex $+0,09^m$ (weiß-bläulich), die Sonne hat einen Wert $+0,65^m$ (gelblich) und 119 *Tau* hat einen Wert von $+2,06^m$ (tief-rötlich). Der Farbindex als Maßzahl für die Farbe der Sterne wurde von *Karl Schwarzschild (1873–1916)* eingeführt.

Mit der oben beschriebenen Messmethode führte dies dazu, dass der Stern *Wega* im Sternbild *Leier* eine scheinbare visuelle Helligkeit von 0^m besitzt, also der nullten Größenklasse angehört, da der gemessene Strahlungsstrom mehr als 2,5-mal größer war als der Strahlungsstrom eines Sterns der ersten Größenklasse. *Sirius*, der hellste Stern am Nachthimmel, besitzt einen so großen Strahlungsstrom, dass seine scheinbare visuelle Helligkeit bereits mit negativem Vorzeichen angegeben wird, nämlich $-1,46^m$. Die Sonne besitzt eine scheinbare visuelle Helligkeit von $-26,74^m$. Misst man ihren Strahlungsstrom, so erkennt man, dass sich die zentrale Sonnenscheibe pro Wellenlänge gemäß dem *Planck'schen Strahlungsgesetz* verhält. Bildet man wieder die Integralhelligkeit über den gesamten Wellenlängenbereich, so folgt nach dem *Stefan-Boltzmann-Gesetz*, dass dieser Gesamtstrahlungsstrom proportional zur vierten Potenz der effektiven Temperatur $T_{eff\odot}$ ist, also $\Phi_{bol\odot} \sim T^4_{eff\odot}$. Die effektive Temperatur entspricht der Oberflächentemperatur der Sonne. Die von der Sonne erhaltenen Daten passen zu der Strahlungsverteilung eines schwarzen Körpers mit einer effektiven Temperatur von $T_{eff\odot} = 5\,778\,\mathrm{K}$. Die Intensität des in der Mitte der Sonnenscheibe gemessenen Strahlungsstroms nimmt zum Rand der Sonne hin ab – man spricht hierbei von der *Mitte-Rand-Verdunklung*. Die scheinbare Helligkeit eines Sterns hängt unmittelbar von seinem Strahlungsstrom $\Phi_\star$, aber auch von seiner Entfernung zu uns ab.

Moderne Messungen ergaben, dass sich $\xi\,Cyg$ etwa 850 Lj, $\alpha\,Cyg$ etwa 1 500 Lj von uns entfernt befindet. Dennoch haben wir gesehen, dass $\alpha\,Cyg$ gut zwei Größenklassen heller erscheint als $\xi\,Cyg$. Es ist die Entfernung, welche nicht erlaubt die scheinbare Helligkeit als absolute Zustandsgröße der den Sternen zugrundeliegenden Leuchtkraft zu verwenden. Würden wir alle Sterne in eine Einheitsentfernung bringen, dann wäre die scheinbare Helligkeit eine belastbare Vergleichsgröße bezüglich ihrer Energieabstrahlung. Mit der *absoluten Helligkeit* wurde eine Zustandsgröße eingeführt, welche die Sterne bezüglich ihrer Leuchtkraft direkt vergleichbar macht. Die Einheitsentfernung, die gewählt wurde, beträgt 10 pc (Parsec).

Betrachten wir ein Objekt von der Erde aus, wie einen nicht allzuweit entfernten Stern, dann bemerken wir, dass sich seine scheinbare Position im Vergleich zu den weiter entfernten Sternen im Laufe eines Jahres verändert. Der Winkel, unter dem diese Veränderung erscheint, ist die Parallaxe und wir bezeichnen sie mit $\pi_\star$. Es gilt dann für Parallaxen, die kleiner als eine Bogensekunde sind

$$r_\star = \frac{1''}{\pi_\star}, \tag{2.5}$$

wobei $r_\star$ die Entfernung des Sterns in Parsec ist und $\pi_\star$ die Parallaxe in Bogensekunden. Das Parsec wird als die Entfernung definiert von welcher der mittlere Abstand Erde-Sonne unter dem Winkel $\pi_\star = 1''$ erscheint. Die astronomische

Einheit wurde im Jahr 2012 durch die Internationale Astronomische Vereinigung auf 149 597 870 700 m festgelegt. Je weiter der Stern von uns entfernt ist, desto kleiner wird auch der Winkel $\pi_\star$ und umso schwieriger ist er mit entsprechender Genauigkeit zu messen. Bei weit entfernten Sternen ist der Fehler in der Messgenauigkeit teilweise von der Größe der Parallaxe. Sehr genaue Messungen der Parallaxe stammen von der *Hipparcos-Mission* (Hipparcos–Catalogue 1997). Es ist leicht zu überprüfen, dass 1 pc ungefähr 3,26 Lj entspricht. Der erste Stern, bei dem die trigonometrische Parallaxe gemessen wurde, war 61 *Cyg*. Im Jahre 1838 bestimmte *Friedrich Wilhelm Bessel (1784–1846)* seine Parallaxe zu 0,3 Bogensekunden (Weinberg 1972, S. 428), was $3,3\,\mathrm{pc}$ und somit $10,9\,\mathrm{Lj}$ entspricht. Dies kommt dem heutigen Wert von $11,4\,\mathrm{Lj}$ (Hipparcos–Catalogue 1997) sehr nahe. Senden wir also ein Lichtsignal in das Universum, so erreicht es nach 3,26 Jahren einen Punkt, von dem aus der Abstand Erde-Sonne unter einem Winkel von einer Bogensekunde erscheint. Für den uns nächsten Stern α *Cen* ermittelte *Hipparcos* einen Parallaxenwinkel $\pi_\star$ von 742,12 Millibogensekunden (Hipparcos–Catalogue 1997) und wir erhalten somit als Entfernung $(1/0,74212)\,\mathrm{pc} \approx 4,4\,\mathrm{Lj}$.

Die Intensität des Strahlungsstroms ist nach dem Strahlungsgesetz indirekt proportional zum Quadrat der Entfernung. Verdoppeln wir den Abstand der Energiequelle, beträgt die gemessene Intensität des Strahlungsstroms nur noch ein Viertel des ursprünglichen Wertes. Wir haben bereits beschrieben, dass die scheinbare Helligkeit m genau dann der absoluten Helligkeit M entspricht, wenn sich der Stern in einer Entfernung von 10 pc oder 32,6 Lj entfernt befindet. Gilt für den Strahlungsstrom des Sterns $\Phi_\star \sim 1/r_\star^2$, wobei $r_\star$ der Abstand Erde-Stern ist, dann folgt für die Strahlungsströme zweier Sterne, die sich in den Entfernungen $r_{\star 1}$ und $r_{\star 2}$ zu uns befinden, dass $\Phi_{\star 1}/\Phi_{\star 2} = r_{\star 2}^2/r_{\star 1}^2$. Setzen wir in Formel (2.1) für m_2 die scheinbare Helligkeit bei einer Entfernung von 10 pc, also $M_\star$, ein, so finden wir als Differenz zwischen seiner scheinbaren Helligkeit $m_1 = m_\star$ in einer Entfernung $r_\star$ und seiner absoluten Helligkeit $m_2 = M_\star$ in der Entfernung 10 pc

$$m_\star - M_\star = -2,5 \log_{10} \left(\frac{10\,\mathrm{pc}}{r_\star} \right)^2 = -5 + 5 \log_{10} r_\star . \tag{2.6}$$

Die Entfernung $r_\star$ ist in Parsec anzugeben und die absolute Helligkeit M hat als Einheit, wie die scheinbare Helligkeit, Magnituden. Vor uns steht eine zentrale Formel der Astrophysik, sie wird in der Literatur auch *Entfernungsmodul* genannt. Streng genommen muss noch die interstellare Extinktion berücksichtigt werden, welche die Helligkeit beeinträchtigt und als additiver Term in der rechten Seite obiger Gleichung hinzugefügt wird, also den Unterschied zwischen scheinbarer und absoluter Helligkeit geringfügig vergrößert.

Vergegenwärtigen Sie sich das Potenzial der Gleichung (2.6). Es gibt Sternklassen, bei denen alle Mitglieder die gleiche absolute Helligkeit besitzen. Haben wir diese für einen nahen Stern dieser Klasse bestimmt und finden einen weiteren Vertreter so weit entfernt, dass die Parallaxenmethode zur Entfernungsbestimmung nicht mehr anwendbar ist, können wir das Entfernungsmodul nach $r_\star$ auflösen und erhalten die Entfernung des Sterns, nur aus Kenntnis seiner scheinbaren und seiner absoluten Helligkeit. Die scheinbare Helligkeit erhält man wie besprochen durch die Fotometrie, die absolute Helligkeit kann durch Analyse der Spektren der Sterne ermittelt werden, welche wir in Abschn. 2.3 diskutieren werden. Daher bezeichnet man die Entfernungsbestimmung eines Sterns aus dem Entfernungsmodul auch als *fotometrische* oder *spektroskopische Parallaxe.*

Mit Formel (2.6) können wir nun die absolute Helligkeit der Sonne berechnen. Mit $m_{V\odot} = -26,74^m$ und $r_\odot = 4,85 \cdot 10^{-6}$ pc erhalten wir $M_{V\odot} = 4,83^M$. Brächten wir die Sonne in eine Entfernung von 10 pc, dann wäre sie am Nachthimmel wirklich unscheinbar.

Nun können wir die *Leuchtkraft* $L_\star$ eines Sterns, also die pro Zeit abgestrahlte Energie, bestimmen. Hierzu benötigt man die Leuchtkraft der Sonne $L_\odot$, sowie ihre absolute bolometrische Helligkeit $M_{bol\odot}$ und die des betrachteten Sterns $M_{bol\star}$. Die Leuchtkraft ist die gesamte Strahlungsleistung, welche ein Stern abgibt. Misst man in der Entfernung r zum Stern den Strahlungsstrom $\Phi_{bol\star}(r)$, dann hat sich die Leuchtkraft ausgehend von der Quelle auf die Oberfläche einer Kugel (bei isotroper Abstrahlung) verteilt. Das Produkt von Strahlungsstrom und dieser Oberfläche definieren wir als gesamte Leuchtkraft des Sterns in der Entfernung r und schreiben

$$L_\star = 4\pi r^2 \Phi_{bol\star}(r). \tag{2.7}$$

Da der Strahlungsstrom aber indirekt proportional zu r^2 ist, können wir in bisheriger Analogie schreiben

$$M_{bol\star} - M_{bol\odot} = -2,5 \log_{10}\left(\frac{L_\star}{L_\odot}\right). \tag{2.8}$$

Bei Kenntnis der absoluten bolometrischen Helligkeit $M_{bol\star}$ des Sterns können wir somit seine Leuchtkraft in Einheiten der Sonnenleuchtkraft berechnen. Die absolute bolometrische Helligkeit der Sonne beträgt $M_{bol\odot} = 4,72^M$, unterscheidet sich also nur um eine geringe bolometrische Korrektur von $M_{V\odot} = 4,83^M$. Die Sonne gibt ihre gesamte Leuchtkraft fast ausschließlich im visuellen Bereich ab.

Es ist entscheidend anzugeben, in welcher Entfernung r der Strahlungsstrom $\Phi_{bol\star}(r)$ in (2.7) gemessen wird. Messen wir den Strahlungsstrom eines Sterns

1984). Hierbei wird das empfangene Sternlicht, welches von zwei spaltförmigen Öffnungen im Abstand d aufgenommen wurde, zu *einem* Bild zusammengeführt, welches ein mehr oder weniger markantes Interferenzmuster zeigt. Der Abstand d der beiden Öffnungen wird nun so lange variiert, bis das überlagerte Bild keine Streifenmuster mehr aufweist. Dann gilt für den Radius des Sterns $2R_\star = \lambda/d$, wobei λ die Wellenlänge des Strahlungsstroms angibt, für den die Messung erfolgte. Die Luftunruhe für erdgebundene Messungen setzt der Genauigkeit allerdings Grenzen. Die Einführung der *Speckle-Interferometrie* in den 1970er Jahren oder die *Intensitäts-Interferometrie*, bei der zwei oder mehr Großteleskope kombiniert und die empfangenen Strahlungsströme fotoelektrisch korreliert werden, erlaubten eine gute Bestimmung der Sternradien. Heutzutage werden Interferenzmessungen außerhalb der Atmosphäre durchgeführt und Messungen von Radien an Sternen bis zu einer Größenklasse von 17^m sind möglich.

Eine interessante Option Sternradien zu bestimmen waren Bedeckungen durch den Mond. Dieses Verfahren wurde besonders in den 1930er Jahren ausgearbeitet. Das Problem ist natürlich hierbei, dass der Mond potenziell nur eine sehr begrenzte Anzahl von Sternen nahe der Ekliptik bedecken kann und die Sterne eine entsprechende Helligkeit besitzen müssen. Beispielsweise wurden die Radien der beiden Sterne *β Cap* und *ν Aqr* bestimmt, welche am 6. und 7. September 1938 durch den Mond bedeckt wurden (Whitford 1939). Grundlage für die Bestimmung der Sternradien durch Mondbedeckungen ist die Anwendung der Beugungstheorie beim Abfall der Helligkeit am Mondrand. Diese Methode hat heute aber nur noch akademischen Wert.

Abschließend wollen wir die Masse eines Sterns $\mathcal{M}_\star$, welche als Zustandsgröße eine wichtige Rolle in seinem Leben spielt, behandeln. Die Masse bestimmt die Menge an Brennstoff, die einem Stern zur Verfügung steht und entscheidet über seine Lebensdauer, seine Leuchtkraft und schließlich seine Entwicklung. Die Masse eines Sterns wird dann messbar, wenn er durch Gravitation Einfluss auf andere Körper ausübt. Das Gravitationsgesetz, welches *Sir Isaac Newton (1643–1727)* im Jahre 1686 formulierte, erlaubt es, die Masse eines Körpers zu berechnen, welcher durch Gravitation einen anderen Körper bindet. So wurde auch die Sonnenmasse zu $\mathcal{M}_\odot = 1{,}989 \cdot 10^{30}\,\text{kg}$ bestimmt, was etwa 332 946 Erdmassen entspricht.

Für zwei Körper mit den Massen $\mathcal{M}_1$ und $\mathcal{M}_2$, wobei die Einzelmassen in Einheiten der Sonnenmasse angegeben werden, lässt sich das dritte Kepler'sche Gesetz in die Newton'sche Fassung bringen (Scheffler und Elsässer 1984) und wir erhalten

$$\mathcal{M}_1 + \mathcal{M}_2 = \frac{a^3}{P^2}. \tag{2.14}$$

Die große Halbachse a der relativen Bahn der beiden Körper ist in astronomischen Einheiten und ihre Umlaufzeit P ist in Jahren einzusetzen. Zudem gilt das Prinzip der Impulserhaltung für die beiden Körper bei ihrer Bewegung um den gemeinsamen Schwerpunkt mit den großen Bahnhalbachsen a_i

$$\mathcal{M}_1 a_1 = \mathcal{M}_2 a_2. \tag{2.15}$$

Kennt man die Umlaufdauer P der beiden Körper sowie ihre Bahnen um den gemeinsamen Schwerpunkt, liegen mit (2.14) und (2.15) zwei Gleichungen für zwei Unbekannte $\mathcal{M}_1$ und $\mathcal{M}_2$ vor.

Somit sind physikalische Doppelsterne, welche durch Gravitation miteinander verbunden sind, ideale Systeme – und leider auch fast die *einzigen* zuverlässigen Quellen – zur Bestimmung von Sternmassen. So erkannte *Friedrich Wilhelm Bessel* durch Beobachtungen an *Sirius* eine periodische Eigenbewegung und vermutete, dass *Sirius* einen Begleiter haben muss. Dieser wurde im Jahr 1862 entdeckt. Die Analyse ergab, dass sich beide Komponenten in $P = 50$ Jahren mit einer relativen Halbachse von $a = 20$ AE umlaufen, und die jeweiligen Halbachsen ein Verhältnis $a_1/a_2 = 1/2,3$ aufweisen. Die Entfernung zu dem Sternsystem muss bekannt sein, möchte man die Einzelmassen der Sterne ableiten, denn sonst wäre eine absolute Bestimmung der großen Halbachsen nicht möglich. Aus Formel (2.14) erhalten wir mit den Werten für a und P, dass $\mathcal{M}_1 + \mathcal{M}_2 = 3,2\,\mathcal{M}_\odot$ und Formel (2.15) liefert $\mathcal{M}_1/\mathcal{M}_2 = 2,3$. Dies führt zu dem Ergebnis, dass die massereichere Komponente, *Sirius A*, die Masse $\mathcal{M}_1 = 2,23\,\mathcal{M}_\odot$, der Begleiter, *Sirius B*, die Masse $\mathcal{M}_2 = 0,97\,\mathcal{M}_\odot$ besitzt. Untersuchungen an *Sirius B* haben gezeigt, dass seine Oberflächentemperatur bei etwa $T_{eff\star} = 25\,200$ K liegt. Das Verhältnis der Leuchtkraft von *Sirius B* zur Sonne beträgt etwa $L_\star/L_\odot = 0,027$. Aus Formel (2.13) berechnen wir den Radius von *Sirius B* zu $R_\star/R_\odot = 0,0085$. Wir haben es bei *Sirius B* mit einem sehr heißen Stern zu tun, welcher ungefähr die Masse der Sonne und die Größe der Erde hat, einem sogenannten *Weißen Zwerg*.

Weitere direkte Bestimmungen der Sternmassen sind äußerst schwierig. Wir werden in Kap. 2.3 Abhängigkeiten der Masse von den anderen Zustandsgrößen kennenlernen, wenn wir die Klassifizierung der Sterne besprechen. Es sei aber noch kurz auf zwei weitere Verfahren hingewiesen.

Aufsehen erregte eine direkte Massenbestimmung eines Sterns im Jahr 2004 (Gould et al. 2004). Nach der Sonne war dies die erste Massenbestimmung bei einem Einzelstern. Ein massereiches Objekt wie ein Stern verändert nach der *Allgemeinen Relativitätstheorie* den es umgebenden Raum, was dazu führt, dass dieser Stern als Gravitationslinse für einen in der Sichtlinie hinter ihm stehenden Stern wirkt. In der Regel wird dadurch die Helligkeit des Hintergrundsterns erhöht, denn die Gravitationslinse bündelt die elektromagnetische Strahlung der Lichtquelle. Bei einem Einzelstern handelt es sich um eine schwache Gravitationslinse (*Mikrolinse*), mittels der auch extrasolare Planeten nachgewiesen wurden. Nach solchen Effekten sucht z. B. das *Massive Compact Halo Objects* (MACHO) seit einigen Jahren. 1993 beobachtete das Team um A. Gould ein derartiges Ereignis. Ein relativ kleiner Stern stand in der Sichtlinie eines Sterns der Großen Magellanschen Wolke und fungierte als Gravitationslinse. Man musste bis zum Jahr 2004 warten, ehe beide Sterne wieder soweit voneinander getrennt waren, dass das *Hubble Space Telescope* eine Winkelentfernung zwischen beiden Sternen und den Abstand des Vordergrundsterns aus der trigonometrischen Parallaxe bestimmen konnte. Da die Entfernung des Hintergrundsterns bekannt war gab es nur noch eine unbekannte Größe, die Masse des Vordergrundsterns, welche zu einer zehntel Sonnenmasse berechnet wurde.

Durch Kenntnis der Masse $\mathcal{M}_\star$ und des Radius $R_\star$ eines Sterns können auch seine mittlere Dichte $\overline{\rho}_\star$ und seine Schwerebeschleunigung $g_\star$ an der Oberfläche bestimmt werden (Scheffler und Elsässer 1984) und es gilt

$$\frac{\overline{\rho}_\star}{\overline{\rho}_\odot} = \frac{\mathcal{M}_\star/\mathcal{M}_\odot}{(R_\star/R_\odot)^3} \quad \text{und} \quad \frac{g_\star}{g_\odot} = \frac{\mathcal{M}_\star/\mathcal{M}_\odot}{(R_\star/R_\odot)^2}, \tag{2.16}$$

wobei die Sonne eine mittlere Dichte $\overline{\rho}_\odot = 1,41\,\mathrm{g\,cm^{-3}}$ und eine Schwerebeschleunigung $g_\odot = 2,74 \cdot 10^4\,\mathrm{cm\,s^{-2}}$ besitzt. Mit Formel (2.16) berechnen wir die mittlere Dichte und Schwerebeschleunigung von *Sirius B* zu $\overline{\rho}_\star \approx 1,6 \cdot 10^6\,\overline{\rho}_\odot$ und $g_\star \approx 1,3 \cdot 10^4\,g_\odot$.

Bei so kompakten Objekten wie den *Weißen Zwergen*, welche eine hohe Oberflächenschwerkraft besitzen, gibt es ein weiteres Verfahren zur Bestimmung ihrer Masse, die *gravitative Rotverschiebung*. Muss das Licht, welches den Stern verlässt, gegen ein starkes Gravitationsfeld anlaufen, dann verändert es seine Wellenlänge λ um den Betrag $\Delta\lambda > 0$ (Rotverschiebung) und es gilt

$$\frac{\Delta\lambda}{\lambda} = \frac{G}{c^2}\frac{\mathcal{M}_\star}{R_\star}, \tag{2.17}$$

wobei $G = 6,674 \cdot 10^{-11}\,\mathrm{m^3\,kg^{-1}\,s^{-2}}$ die Gravitationskonstante und c die Lichtgeschwindigkeit bezeichnet. Die Schwierigkeit besteht darin, die Eigenbewegung des Sterns und somit den Anteil $\Delta\lambda$ zu eliminieren, welcher aus dem *Doppler-Effekt* resultiert. Zudem ist die Messung von $\Delta\lambda$ im Spektrum sehr subtil, da das Ergebnis durch natürliche Verbreiterungen der Spektrallinien verschleiert wird.

In Einzelfällen ist es aber gelungen, Massen von *Weißen Zwergen* mittels gravitativer Rotverschiebung zu bestimmen. Erste Messungen an *Sirius B* wurden in den 1920er Jahren von *W. S. Adams* am Mount-Wilson-Observatorium unternommen. Das Spektrum war aber noch stark von der elektromagnetischen Strahlung der Hauptkomponente *Sirius A* kontaminiert. Die ersten isolierten Messungen für *Sirius B* wurden 1971 veröffentlicht (Greenstein et al. 1971). Der ermittelte Wert der Rotverschiebung von $(89 \pm 16)\,\mathrm{km\,s^{-1}}$ wurde 2005 durch Messungen des *Hubble Space Telescope* ($(80{,}42 \pm 4{,}83)\,\mathrm{km\,s^{-1}}$) nahezu bestätigt (Barstow et al. 2005). Diese Geschwindigkeit entspricht dem Verhältnis $\Delta\lambda/\lambda$ multipliziert mit der Lichtgeschwindigkeit c.

2.3 Klassifikation der Sterne

Wir haben einige wichtige Zustandsgrößen kennengelernt, die einen Stern in einer bestimmten Phase seines Lebens charakterisieren. In diesem Abschnitt wollen wir die *Klassifikation* der Sterne kennenlernen, welche deshalb sinnvoll ist, da in der Natur nicht alle möglichen Kombinationen von Zustandsgrößen möglich sind. Wir wollen die Grundlagen der Klassifikation für unsere Belange mit der Vorstellung der Zustandsdiagramme, Spektraltypen und Leuchtkraftklassen abschließen.

Zustandsdiagramme Betrachten wir die beiden Zustandsgrößen *absolute Helligkeit* M_V und *Farbindex* $(B - V)$ eines Sterns. Tragen wir die Daten der etwa 3 000 sonnennahen Sterne bis 25 pc aus dem Gliese-Jahreiß-Katalog (Gliese und Jahreiß 1991) gemäß diesen Parametern auf, so ergibt sich ein *Farben-Helligkeits-Diagramm*, welches wir in Abb. 2.2 skizziert haben.

Die Einführung dieser Art der Darstellung zweier Zustandsgrößen von Sternen geht auf den amerikanischen Astronomen *Henry Norris Russell (1877–1957)* zurück. Dieser verwendete sie erstmalig im Jahr 1914, um die Gruppierung von Sternen, welche der dänische Astronom *Ejnar Hertzsprung (1873–1967)* im Jahre 1907 fand, bezüglich Leuchtkraft und Temperatur darzustellen. Diese grafische Aufbereitung wird *Hertzsprung-Russell-Diagramm* (HRD) genannt. Das *Farben-Helligkeits-Diagramm* (FHD) stellt nur eine spezielle Form eines HRD dar. In der ursprünglichen Version des HRD wurde die Leuchtkraft eines Sterns $L_\star$ gegen seine Oberflächentemperatur $T_{eff\star}$ aufgetragen. Für die Erstellung eines FHD wie in Abb. 2.2 benötigt man die Kenntnis der Entfernung eines Sterns und seiner scheinbaren Helligkeit m_V. Mittels Formel (2.6) erhält man dann die absolute Helligkeit des Sterns M_V. Der Farbindex $(B-V)$ wird wie in Abschn. 2.2.1 ausgeführt mittels geeigneter Filter bestimmt. Die in Abb. 2.2 aufgetragenen Größen sind

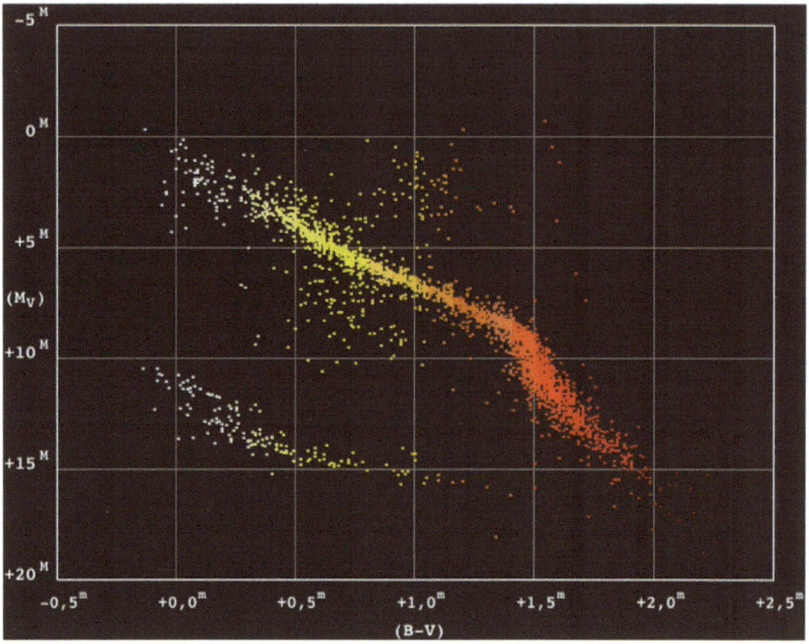

Abb. 2.2 Farben-Helligkeits-Diagramm (FHD) für sonnennahe Sterne bis 25 pc

somit direkt messbar. Das FHD wird beispielsweise bei der Untersuchung von Sternhaufen und nahen Galaxien eingesetzt, deren Entfernungen von uns bekannt sind.

Die Umrechnung der Achsen eines FHD von einer M_V und $(B-V)$ zu einer $L_\star$ und $T_{eff\star}$-Darstellung in einem HRD ist recht kompliziert und nicht linear. Wie wir in Abschn. 2.2.1 gesehen haben, existiert eine Korrelation zwischen der absoluten Helligkeit M_V und der Leuchtkraft $L_\star$ eines Sterns. Ebenfalls haben wir festgestellt, dass der Farbindex ein Temperaturindikator ist, denn über das Wien' sche Verschiebungsgesetz ist die Wellenlänge des spektralen Maximums mit der Oberflächentemperatur des Sterns verknüpft. Ein Stern mit einer Oberflächentemperatur von $T_{eff\star} = 30\,000\,\text{K}$ besitzt typischerweise einen Farbindex von $(B - V) = -0,30^m$. Besitzt dieser Stern aber bei gleicher Oberflächentemperatur eine höhere absolute Helligkeit M_V, verschiebt sich sein Farbindex etwas ins Rötliche und hat einen Wert $(B-V) = -0,22^m$. Für eine ausführliche Diskussion des HRD und des FHD und ihre Verwendung in der Astrophysik verweisen wir den interessierte Leser u. a. auf (Scheffler und Elsässer 1984).

Es fällt auf, dass die Sterne in Abb. 2.2 nicht zufällig über das Diagramm verteilt sind, sondern Gruppen bilden. Besonders viele Sterne sind auf einer Linie gruppiert, welche diagonal durch das Diagramm verläuft. Sterne mit einem stark bläulichen Farbindex weisen eine absolute Helligkeit von $M_V = 0,0^M$ auf. Sterne mit einem stark rötlichen Farbindex liegen etwa fünfzehn Größenklassen in absoluter Helligkeit unter den bläulichen Sternen. Diese Linie wird als *Hauptreihe* bezeichnet und sie spielt eine wichtige Rolle im Leben eines Sterns, da die Sterne während ihrer Entwicklung den längsten Teil ihres Lebens auf dieser Hauptreihe verbringen und dieser Zustand somit ein hohes Maß an physikalischem Gleichgewicht für einen Stern bedeuten muss.

Spektraltypen Aus der Analyse der Sternspektren lassen sich viele Zustandsgrößen ableiten. Höhere Temperaturen sorgen dafür, dass energetisch stärker gebundene Elektronen die Coulomb-Anziehung des Atomkerns überwinden können und immer stärker ionisierte Atome zurücklassen. Im Sternspektrum zeigt sich dies durch das Auftreten von Spektrallinien höherer Ionisationsstufen. Dies ist das Prinzip der *Spektralklassifikation*, welches ein im Vergleich zur Messung von Farbindizes aufwändigeres Verfahren zur Bestimmung von $T_{eff\star}$ darstellt, allerdings zuverlässigere Ergebnisse liefert. Die Analyse der Sternspektren erlaubt die Einteilung der Sterne in *Spektraltypen*, mit denen sie nach ihrer Oberflächentemperatur $T_{eff\star}$ sortiert werden können. Die Spektren zeigen auch an, welche Elemente (Art der Spektrallinien) wie häufig (Intensität der Spektrallinien) vorkommen und sind der Schlüssel zum Gebäude der Sternentwicklung.

Die Bezeichnung der Spektralklassen (*Harvard-Hauptsequenz*[2]) lautet mit absteigender Temperatur O, B, A, F, G, K und M. Etwa 99 % aller Sterne sind Vertreter dieser sieben Spektralklassen. Es existieren noch drei Spektralklassen für späte Riesensterne mit hohem Kohlenstoffanteil, welche mit R, N und S bezeichnet werden (*Harvard-Nebensequenz*) und einige weitere Spektralklassen, die sich nicht in die Standard-Sequenzen einordnen lassen. Für eine Übersicht verweisen wir auf (Scheffler und Elsässer 1984). Innerhalb einer Spektralklasse, den Unterklassen, wird absteigend nach $T_{eff\star}$ von 0 bis 9 durchnummeriert, so dass ein Stern der Spektralklasse $B1$ heißer ist als ein Vertreter der Klasse $B5$. Nur in der Spektralklasse O beginnt die Nummerierung mit $O5$. Unsere Sonne gehört

[2] Benannt nach der Untersuchung der spektralen Eigenschaften von Sternen an der Harvard-Sternwarte durch *Edward Charles Pickering (1846 – 1919)* und *Annie Jump Cannon (1863 – 1941)* Ende des 19. Jahrhunderts.

Tab. 2.2 Die Harvard-Hauptsequenz der Sterne

SK	Charakterisierung	$T_{eff\star}$	Stern	(B – V)	Farbe
O	Ionisiertes Helium vorherrschend	$\geq$ 28 000 K	ζ *Pup*	$-0,3^m$	blau
B	Neutrales Helium dominant, Balmer-Serie des Wasserstoffs	$\geq$ 9 900 K	τ *Sco*	$-0,2^m$	blau-weiß
A	Balmer-Serie dominiert, ionisiertes Calcium schwach	$\geq$ 7 400 K	α *Lyr*	$0,0^m$	weiß
F	Ionisiertes Calcium und neutrale Metalle mäßig stark	$\geq$ 6 000 K	γ *Vir*	$+0,3^m$	weiß-gelb
G	Ionisiertes Calcium stark, neutrales Calcium und neutrale Metalle stark, Balmer-Serie mäßig stark	$\geq$ 4 900 K	α *Aur*	$+0,7^m$	gelb
K	Ionisiertes Calcium maximal, Metalle sehr stark	$\geq$ 3 500 K	α *Boo*	$+1,2^m$	orange
M	Bandenspektrum des Titanoxid vorherrschend, neutrales Calcium sehr stark	$\geq$ 2 000 K	β *And*	$+1,4^m$	orange-rot

der Spektralklasse *G*2 an, α *Cyg* der Klasse *A*2 und *Sirius A* der Klasse *A*1. Der tiefrote Stern 119 *Tau* besitzt als Spektralklasse *M*2 bei $T_{eff\star} = 3\,400$ K. Die Beziehung der Spektralklasse zu $T_{eff\star}$ ist nicht linear. Je kühler ein Stern ist, desto häufiger treten Änderungen in den Linien der Sternspektren bei relativ kleinen Verschiebungen in der Temperatur auf.

Tabelle 2.2 zeigt die Spektralklassen (SK) der Harvard-Hauptsequenz, die zugehörige Oberflächentemperatur $T_{eff\star}$, die spektralen Charakteristika nach (Scheffler und Elsässer 1984), einen typischen Vertreter dieser Klasse, den mittleren Farbindex sowie die dazugehörige Farbe. Wir werden die Charakteristika der spektralen Beschreibung in Tab. 2.2 an dieser Stelle nicht weiter erläutern, da dies den Rahmen sprengen würde.

Spektrale Besonderheiten wie ausgeprägte Metallinien werden durch den Zusatz *m* hinter dem Spektraltyp angemerkt. Sterne mit besonders diffusen Linien erhalten ein Suffix *n*, solche mit sehr scharfen Linien das Suffix *s*. Zusätzliche Emissionslinien im Spektrum werden durch *e* gekennzeichnet, andere Besonderheiten im Spektrum, welche nicht klassifiziert wurden, erhalten ein *p* für *pekuliär*. Ein Beispiel ist der Stern β *CrB* im Sternbild *Nördliche Krone*, der den schönen Eigennamen *Nusakan* trägt. Er hat den *pekuliären* Spektraltyp *F*0*p*. Als

Präfix wird ein *d* (*dwarf*) vor den Spektraltyp gesetzt, wenn es sich um einen *Zwerg* handelt, *g* (*giant*) bei einem *Riesenstern* und *sd* (*subdwarf*) bei einem *Unterzwerg*. So hat *Sirius B* den Spektraltyp *dA*2. Auch hier verweisen wir für weitere Bezeichnungen und Unterarten auf (Scheffler und Elsässer 1984).

Leuchtkraftklassen Wir haben den Zusammenhang zwischen Farbindex $(B-V)$ und Temperatur $T_{eff\star}$ bzw. Spektraltyp eines Sterns kennengelernt. Wie bereits erwähnt ist dieser nicht linear und somit würden die Isolinien der Spektralklassen im FHD aus Abb. 2.2 nicht parallel zur y-Achse verlaufen, sondern wären für große Werte von M_V *rotverschoben*. Die Isolinien der Leuchtkraft würden ebenfalls nicht parallel zur x-Achse verlaufen, da die Leuchtkraft nicht proportional zur absoluten Helligeit M_V ist, sondern eine logarithmische Beziehung (2.8) besitzt. Vernachlässigen wir die bolometrischen Korrekturen und setzen $M_V \simeq M_{bol}$, dann ergibt sich als Verhältnis der Leuchtkräfte zweier Sterne

$$\frac{L_{\star 1}}{L_{\star 2}} = 10^{-0{,}4(M_{V1}-M_{V2})}. \tag{2.18}$$

Unterscheiden sich die absoluten Helligkeiten um zehn Größenklassen, dann gilt für die Leuchtkraft $L_{\star 1}$ des helleren Sterns, dass $L_{\star 1} = 10\,000\,L_{\star 2}$.

Um den physikalischen Zustand eines Sterns zu charakterisieren bedarf es mindestens zweier Parameter. Ist die chemische Zusammensetzung von zwei Sternen gleich, so ist die strahlende Atmosphäre durch den gemessenen Gesamtstrahlungsstrom $\Phi_{bol\star}$ bzw. die Oberflächentemperatur $T_{eff\star}$ und die Schwerebeschleunigung $g_\star$ an der Oberfläche (2.16) bestimmt. Sterne mit gleicher Oberflächentemperatur aber unterschiedlicher Leuchtkraft unterscheiden sich somit im Wesentlichen durch die Schwerebeschleunigung. Wie wir gesehen haben erlaubt die Harvard-Klassifikation den Wert $T_{eff\star}$ aus dem Spektrum der Sterne abzuleiten. Es ist die Frage zu klären, ob nicht auch die Leuchtkraft oder die Schwerebeschleunigung aus den Spektren ableitbar sind. Ändert sich $g_\star$ bei gleicher Temperatur, so ändert sich auch die Dichte des Sterns und dies wiederum hat Auswirkungen auf die Spektrallinien. So sind z. B. bei sehr großen Sternen die Wasserstofflinien bei gleicher Oberflächentemperatur $T_{eff\star}$ stärker ausgeprägt.

Die Effekte der Spektrallinienverhältnisse bei Sternen mit gleicher Spektralklasse aber unterschiedlicher Leuchtkraft, die sogenannten *Leuchtkraftkriterien*, wurden von *William Wilson Morgan (1906–1994)* und *Philip Childs Keenan (1908 –2000)* am Yerkes-Observatorium untersucht. Aus diesen Studien entwickelte sich das *MK-System der Leuchtkraftklassen*.

In Tab. 2.3 haben wir die Bezeichnungen der wichtigsten Leuchtkraftklassen (LK) sowie ihre Beschreibung aufgeführt und geben jeweils ein Beispiel

Tab. 2.3 Die Leuchtkraftklassen der Sterne

LK	Beschreibung	Stern	$L_\star/L_\odot$	ST
0	Hyperriesen	*V766 Cen*	750 000	*K0 0*
Ia	Überriesen – hohe Leuchtkraft	α *Cyg* (Deneb)	194 000	*A2 Ia*
Ib	Überriesen – geringere Leuchtkraft	α *UMi* (Polarstern)	2 500	*F7 Ib*
II	Riesen – hohe Leuchtkraft	α *Her* (Ras Algethi)	8 300	*M5 II*
III	Riesen – geringere Leuchtkraft	α *Aur* (Capella)	80	*G5 III*
IV	Unterriesen	α *Vir* (Spica)	13 400	*B1 IV*
V	Zwerge (Hauptreihe)	Sonne	1	*G2 V*
VI	Unterzwerge	*V391 Peg*	15	*B VI* (*sdB*)
VII	Weiße Zwerge	α *CMa B* (Sirius B)	0,027	*A2 VII* (*dA2*)

eines Vertreters dieser Klasse und seine Leuchtkraft $L_\star$ in Einheiten der Sonnenleuchtkraft $L_\odot$ sowie seinen Spektraltyp (ST) an. Für *Sirius B* und *V391 Peg* haben wir zusätzlich die heute geläufigeren Spektraltyp-Notationen aus dem vorigen Abschnitt aufgeführt. In Abb. 2.3 sind die absoluten Helligkeiten M_V einiger Sterne gegen ihre Spektralklasse aufgetragen. Zusätzlich haben wir die einzelnen Leuchtkraftklassen samt den Vertretern aus Tab. 2.3 markiert. Das *Farben-Helligkeits-Diagramm* (FHD) in Abb. 2.2 stellt nur eine weitere Form eines HRD dar.

Die Spektral- und Leuchtkraftklasse eines Sterns charakterisieren seinen Entwicklungsstand. Haben wir nur die Harvard-Klassifikation zur Verfügung, können wir nicht entscheiden, ob es sich bei einem Stern mit $T_{eff\star} = 5\,000\,\mathrm{K}$ um einen Zwerg, einen Riesen oder einen hellen Riesen handelt. Wir benötigen zusätzlich die Information der Leuchtkraftklasse. Ein HRD ist immer nur eine Momentaufnahme eines Sterns während seiner Entwicklung.

Quantitative Beziehungen der Zustandsgrößen Wir haben in Abschn. 2.2.2 den fundamentalen Zusammenhang zwischen den Zustandsgrößen Leuchtkraft $L_\star$, Temperatur $T_{eff\star}$ und Radius $R_\star$ eines Sterns kennengelernt. Diese Beziehung gilt unter den getroffenen idealisierten Annahmen für alle Sterne. Wie in Tab. 2.3 zu sehen ist, besitzen *Sirius B* und α *Cyg* die gleiche Spektralklasse *A2*, sie unterscheiden sich allerdings nach Abb. 2.3 bezüglich ihrer absoluten Helligkeit

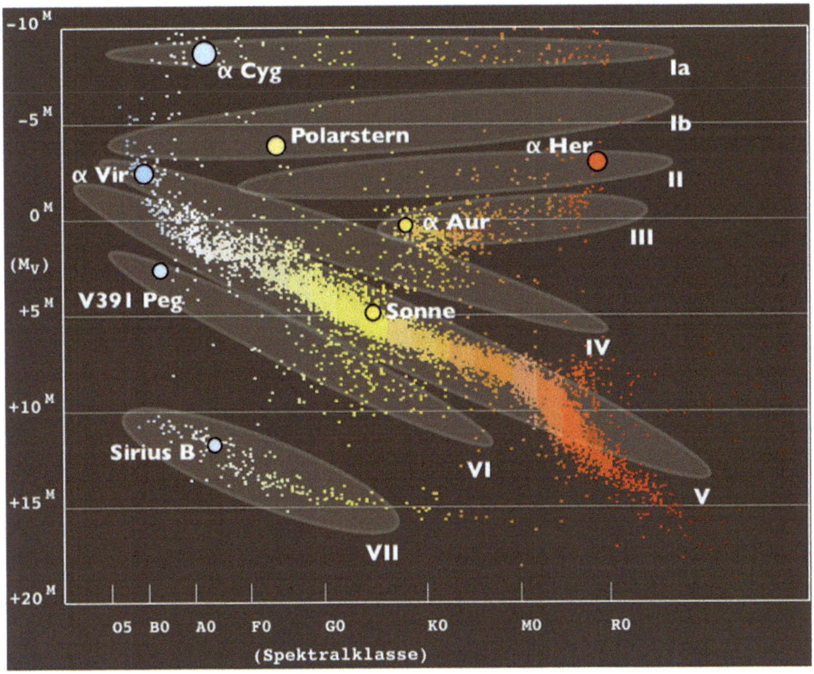

Abb. 2.3 Hertzsprung-Russell-Diagramm für eine Auswahl von Sternen nach Hipparcos-Daten

um beinahe zwanzig Größenklassen. Mit Beziehung (2.13) haben wir bereits die Erklärung, wie sich Temperatur und Radius der beiden Sterne unterscheiden müssen, um einen solchen Unterschied in der Leuchtkraft zu erzielen. Mit der Einführung der Leuchtkraftklasse werden Sterne, deren Radius größer als der zehnfache Sonnenradius ist, den *Riesen* zugeordnet. Beträgt der Unterschied in der Leuchtkraft mehr als etwa die zehntausendfache Sonnenleuchtkraft, spricht man von *Überriesen*. Bei gleichem Radius entscheidet die Oberflächentemperatur bzw. die Spektralklasse, ob es sich wie bei *Aldebaran* ($R_\star = 27\,R_\odot$, $T_{eff\star} = 3\,500\,\mathrm{K}$) um einen Riesen oder wie bei *α Cyg* ($R_\star = 25\,R_\odot$, $T_{eff\star} = 11\,000\,\mathrm{K}$) um einen Überriesen handelt. Auf der Hauptreihe erreichen die Radien der Sterne maximal den dreifachen Sonnenradius. Sehr heiße Sterne der Hauptreihe haben einen größeren, kühlere Sterne einen kleineren Radius. Oberhalb der Hauptreihe schließt sich der *Riesen-Ast* an. Die Radien der Riesen und der noch leuchtkräftigeren Überriesen betragen einige hundert Sonnenradien. Die leuchtschwachen, aber sehr kompakten *Weißen Zwerge* wiederum besitzen Radien von einigen hundertstel Sonnenradien und befinden sich in Abb. 2.3 im unteren linken Bereich des Diagramms. Der rechte untere Bereich des HRD wird von den *Roten* und *Braunen Zwerge* bevölkert, auf die wir aber im Rahmen der Leuchtkraftklassen nicht näher eingehen wollen.

Unterhalb der Hauptreihe befindet sich der Bereich der *Unterzwerge*. Dabei handelt es sich um Sterne, welche etwa zwei Größenklassen in absoluter Helligkeit unter den entsprechenden Sternen gleicher Spektralklasse auf der Hauptreihe liegen aber nicht die Dichte von Weißen Zwergen besitzen. Auffällig sind Bereiche des HRD, welche von Sternen nicht oder nur gering bevölkert werden, wie zum Beispiel die *Hertzsprung-Lücke* zwischen der Hauptreihe und dem Riesenast. Die Natur scheint also gewisse Kombinationen von Zustandsgrößen zu favorisieren, so dass rein statistisch eine Momentaufnahme der Zustandsdiagramme immer wieder bevorzugte Bereiche zeigen wird, in denen sich die Sterne aufhalten. Die Hertzsprung-Lücke existiert übrigens nur für relativ junge Sterne, welche sich innerhalb der Spiralarme unserer Galaxis befinden. Die Hauptreihe scheint der bevorzugte Bereich innerhalb eines Zustandsdiagramms für die Verweildauer eines Sterns während seiner Entwicklung zu sein. Gleichung (2.13) gilt grundsätzlich für alle Sterne. Für die Hauptreihe gelten noch weitere quantitative Beziehungen, welche wir abschließend aufführen wollen.

Für Sterne der Hauptreihe existiert eine Beziehung zwischen ihrer Masse und ihrer Leuchtkraft (*Masse-Leuchtkraft-Beziehung*). Aus Messdaten wurde empirisch der Zusammenhang $L_\star \propto \mathcal{M}_\star^{3,5}$ gewonnen. Theroretisch lässt sich aus den Grundgleichungen der Sternentstehung die Beziehung $L_\star \propto \mathcal{M}_\star^3$ herleiten. Somit ist für Hauptreihensterne eine Abschätzung der Masse aus Kenntnis der Leuchtkraft möglich.

Ebenso fand man eine Beziehung zwischen der Masse und dem Radius von Hauptreihensternen, nämlich $R_\star \propto \mathcal{M}_\star^{0,6}$, wenn $\mathcal{M}_\star > \mathcal{M}_\odot$ bzw. $R_\star \propto \mathcal{M}_\star$, wenn $\mathcal{M}_\star \leq \mathcal{M}_\odot$, die sogenannte *Masse-Radius-Beziehung*.

Aus Formel (2.13) leiten wir dann folglich auch eine *Masse-Temperatur-Beziehung* ab, nämlich $T_{eff\star} \propto \mathcal{M}_\star^{2,3}$, wenn $\mathcal{M}_\star > \mathcal{M}_\odot$ bzw. $T_{eff\star} \propto \mathcal{M}_\star^{1,5}$, wenn $\mathcal{M}_\star \leq \mathcal{M}_\odot$. Die Temperatur von Hauptreihensternen nimmt also mit der Masse zu. Somit liegen die massereicheren Hauptreihensterne im linken Bereich des HRD gemäß unserer Darstellung, die masseärmeren im rechten Bereich.

Geburt eines Sterns 3

Der Prozess der Sternentstehung ist in weiten Teilen hinreichend theoretisch beschrieben und mit den Methoden der beobachtenden Astronomie bestätigt. Häufig waren es phänomenologische Ansätze, die zur Formulierung von Theorien führten, welche in eine physikalische und mathematische Form gegossen wurden und neue Vorhersagen lieferten, welche teilweise ebenfalls verifiziert werden konnten. Dennoch produziert die moderne Astronomie mit ihren Beobachtungen des Universums im kompletten Wellenlängenbereich und mit immer leistungsstärkeren Instrumenten auch heute noch Ergebnisse, die mit bisherigen Theorien nicht erklärt werden können oder sogar a priori ausgeschlossen werden müssten.

Beispielsweise wurde lange Zeit angenommen, dass neue Sterne ausnahmslos in den äußeren Armen der Galaxien gebildet werden, da dort die dazu notwendigen Zutaten, die Molekülwolken, in ausreichender Menge und unter idealen Bedingungen vorhanden sind. Aufnahmen der Balken-Spiralgalaxie NGC 2903 im Sternbild *Löwe* im infraroten Wellenlängenbereich zeigten aber 2001, dass sich ausgerechnet in einem Ring um das Zentrum dieser Galaxie neue Sterne bilden (Alonso-Herrero et al. 2001). Also wurde die Theorie erweitert und gerade die Balkenstruktur als Transportmechanismus des für die Sternentstehung wichtigen Gases in das Zentrum der Balkenspirale gesehen.

Ebenso war es offensichtlich, dass sich Sterne vorzugsweise innerhalb der Galaxien bilden müssen, denn die erforderlichen Moleküle zur Sternentstehung liegen im intergalaktischen Raum, so die theoretischen Annahmen und Beobachtungen, nicht ausreichend vor. Beobachtungen mit dem Very Large Telescope

M. Heyssler, *Das Leben der Sterne*,
DOI 10.1007/978-3-658-07496-8_3

(VLT) der Europäischen Südsternwarte offenbarten im Jahr 2002, dass sich innerhalb des Galaxienhaufens des Sternbildes *Jungfrau*, aber außerhalb der Galaxien, junge massereiche Sterne bilden (Gerhard et al. 2002).

Dies sind nur zwei Beispiele, die verdeutlichen, dass unser Wissen über die Geburt der Sterne gut ist, aber die Zeit neue Einsichten und Ergebnisse liefert, welche aus dem guten ein immer besseres Bild formen – ein Prozess, dessen Ende nicht abzusehen ist.

Unter diesem Gesichtspunkt ist auch das vorliegende Kapitel zu sehen. Wir beschreiben das gesicherte Wissen über die Geburt der Sterne, welches verifiziert ist. In Kap. 4 werden wir einen Blick über die Standardtheorie hinaus wagen.

3.1 Der Stoff aus dem die Sterne sind

In unserer wahrnehmbaren Welt entsteht *Etwas* nicht aus dem *Nichts*. Denn wie schon der Philosoph und Vorsokratiker *Parmenides (etwa 520–460 v. Chr.)* sagte: „*Das Seiende ist, das Nichtseiende ist nicht und kann nicht gedacht werden*" (Laertius 2008, Buch IX).

Auch wenn im Rahmen der über 2 000 Jahre andauernden philosophischen Diskussion über Ontologie und Realismus noch Uneinigkeit in vielen philosophischen Standpunkten herrscht, zeigt uns doch unsere erfahrbare Welt, dass auch die Sterne nicht aus dem *Nichtseienden* entstehen können.

Die Frage nach dem Urstoff, aus dem das Seiende entstand, war die Frage, welche die Naturphilosophen schon 500 v. Chr. zu beantworten suchten. *Thales von Milet (etwa 620–550 v. Chr.)* vertrat die Ansicht einer beseelten Welt, welche einer göttlichen Ordnung unterliegt und sah den Urstoff für alles Seiende im Wasser (Laertius 2008, Buch I).

Anaximander von Milet (etwa 610–545 v. Chr.), ein Zeitgenosse des Thales, sah als Urstoff etwas Unbestimmtes und Grenzenloses, welches er *apeiron* (gr. ἄπειρον) nannte. Wie Thales nahm auch er an, dass das *apeiron* ewig und unveränderlich sei (Jori 2009, S. 267). Das Werden geschieht aus dem *apeiron* und das Vergehen geschieht zurück in das *apeiron*. Aus dem *apeiron* sind nach Anaximander auch die Elemente entstanden, das Feuer legte sich um die im Mittelpunkt des Raumes liegende Erde wie eine Flammensphäre. Durch Löcher in der Himmelskugel betrachten wir diese Flammensphäre und sie ist ewiglich. Die Sphäre bewegt sich um die Erde und vermittelt uns den Eindruck, Sterne würden auf- und untergehen (Jori 2009, S. 269).

Ein Schüler des Anaximander, *Anaximenes von Milet (etwa 580–520 v. Chr.)*, griff die Traditionen der milesischen Naturphilosophen auf, erklärte aber, die Luft sei der Urstoff alles Seienden. Luft verdichtet sich und bildet Wasser und Erde. Bei der Verdünnung von Luft entsteht Feuer, welches leichter als Wasser und Erde ist. Das Feuer steigt empor und bildet die Gestirne. Die Erde selbst nahm Anaximenes als flache Scheibe an, welche nicht wie Thales vermutete auf dem Wasser, sondern auf der Luft ruhe. Die Gestirne schweben ebenfalls als Platten auf der Luft (Laertius 2008, Buch II).

Anaxagoras (etwa 499–428 v. Chr.) stammte ebenfalls aus Kleinasien, aus der Stadt Klazomenai, und war ein Schüler des Anaximenes. Für ihn bestanden die Gestirne aus Gestein, welche durch einen gewaltigen Wirbel um die Erde geschleudert und manche durch Reibung zum Glühen gebracht werden. So sei die Sonne eine gewaltige glühende Masse und die Milchstraße eine Reflexion der vom Sonnenlicht nicht direkt beleuchteten Sterne (Jori 2009, S. 277).

Bei den griechischen Naturphilosophen gründet sicherlich die Geburtsstunde der Astrophysik und der Kosmologie. Beschäftigt sich die Astronomie mit der Beschreibung (der Bewegung) der Gestirne, fragt die Astrophysik nach ihrem Aufbau. Versucht die Kosmogonie die Frage zu beantworten „*Woraus* ***entsteht*** *die Welt?*“, lautet die Fragestellung der Kosmologie „*Woraus* ***besteht*** *die Welt?*“.

Unser heutiges Wissen über die Sterne und das Universum hat seinen Ursprung in den Fragestellungen der Naturphilosophen.

3.1.1 Es begann mit einem Loch im Himmel

Nach der Erfindung des Teleskops im 17. Jahrhundert und der Entwicklung zu immer stärkeren optischen Geräten offenbarten sich weitere kosmische Gebilde – die *nebelartigen Objekte*, welche in dem berühmten Katalog von *Charles Messier (1730–1817)* katalogisiert wurden. In vielen Fällen handelte es sich, wie sich später herausstellte, um Sternenhaufen oder Galaxien. Aber es waren unter den 123 Objekten des Messier-Katalogs auch solche zu finden, welche sich nicht als kompakte Ansammlungen von Sternen verifizieren ließen. Beobachtungen mit den Teleskopen des 19. Jahrhunderts offenbarten zwei Arten von Nebeln. Zum einen die *hellen Nebel* wie den berühmten Orionnebel, zum anderen die *dunklen Nebel*. Die Beobachtung einer solchen *Dunkelwolke* inmitten unserer Milchstraße im Sternbild *Skorpion* veranlasste *Friedrich Wilhelm Herschel (1738–1822)* diese Erscheinung zunächst als „*Loch im Himmel*“ (Herschel 1785) zu interpretieren.

Den wahren Charakter der dunklen Nebel fand der amerikanische Astronom und Autodidakt *Edward Emerson Barnard (1857–1923)* mittels direkter Beob-

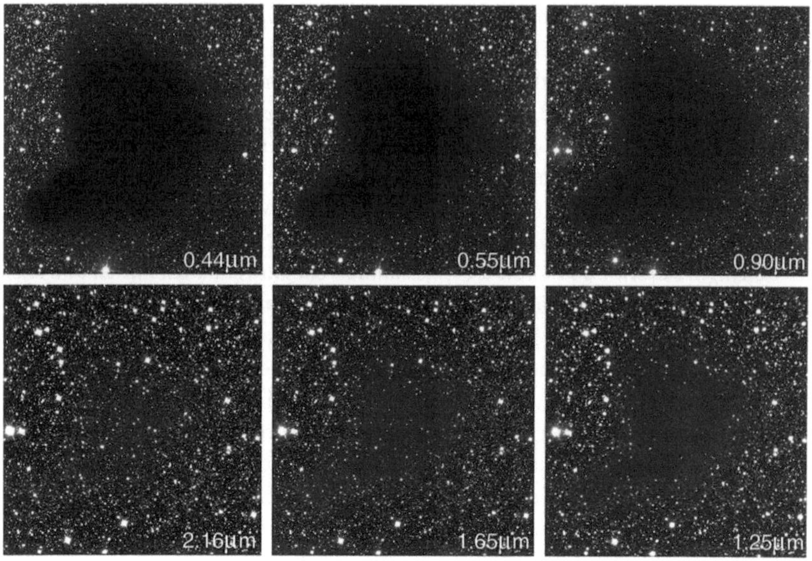

Abb. 3.1 Dunkelwolke *Barnard 68* in verschiedenen Wellenlängenbereichen nach Aufnahmen des VLT und NTT. (Aufnahme: ESO)

achtung in Verbindung mit der Fotografie. Er veröffentlichte seine Ergebnisse im Januar 1919 im Astrophysical Journal unter dem Titel *„On the dark markings of the sky"* (Barnard 1919). Dem Artikel fügte Barnard einen Katalog mit 182 Objekten hinzu. Die Dunkelwolke mit der Nummer 68 (heute bekannt als *Barnard 68*) beschrieb er folgendermaßen: *„klein, irregulär, scharfe Kanten mit einem Durchmesser von vier Bogenminuten"*. *Barnard 68* liegt im südlichen Teil des Sternbilds *Schlangenträger* in der Ebene unserer Galaxis nahe der Sichtlinie zum galaktischen Zentrum und ist etwa 500 Lj von uns entfernt. Bei einer Ausdehnung von vier Bogenminuten liefert uns der Sinussatz einen ungefähren Durchmesser von 0,5 Lj. Das Licht benötigt also ein halbes Jahr, um die Dunkelwolke zu durchqueren. Dunkelwolken sind so dicht, dass das Licht der hinter der Wolke stehenden Sterne komplett absorbiert wird. Nur im äußersten Randbereich der Wolke sind schwach die Hintergrundsterne zu erkennen.

Abbildung 3.1 zeigt *Barnard 68* in sechs unterschiedlichen Wellenlängenbereichen beginnend im Teilbild links oben bei 440 nm (blaues Licht), welches m_B aus Tab. 2.1 entspricht. Im Uhrzeigersinn wurden Filter mit immer größeren Wellenlängen eingesetzt und das Teilbild links unten zeigt eine Aufnahme bei $2,16\,\mu m$ (infraroter Bereich).

Je größer die Wellenlänge, desto mehr Hintergrundsterne sind zu erkennen. Im tiefen Infraroten verschwindet die Absorption durch die Dunkelwolke fast komplett. Dies gibt Aufschluss auf die Staubverteilung innerhalb der Dunkelwolke. Der Staubanteil nimmt zum Zentrum hin zu, denn mit zunehmender Wellenlänge verringert sich die optische Größe der Wolke. Barnard erstellte 1927 einen Katalog der *dunklen Nebel*, welcher 349 Objekte umfasste, darunter auch der berühmte *Pferdekopfnebel* (*Barnard 33*) im Sternbild *Orion*. Nach Barnard handelte es sich hierbei in der Mehrzahl um dunkle Materiewolken. Diese Entdeckung teilte er sich übrigens mit dem Heidelberger Astronomen *Max Wolf (1863–1932)*.

Es war das Jahr 1947, als der gebürtige Niederländer *Bart Bok (1906–1983)* von der Harvard University in Cambridge, Massachusetts, zusammen mit Edith Reilly eine bemerkenswerte Arbeit über die Dunkelwolken veröffentlichte (Bok und Reilly 1947). Die Autoren schildern die Beobachtung von *kleinen dunklen Nebeln* im *Lagunennebel*, einer gewaltigen HII-Region im Sternbild *Schütze*, welche sie *Globulen* nennen. Diese dunklen Nebel heben sich vor dem Hintergrund des hellen Emissionsnebels ab.

Im Gegensatz zu den HI-Gebieten zeichnen sich HII-Gebiete dadurch aus, dass die Wasserstoffatome ionisiert vorliegen (siehe Abschn. 3.1.2). Die Photonen der im Nebel eingebetteten Sterne – beim Lagunennebel handelt es sich um den jungen Sternhaufen NGC 6530 – ionisieren das umgebende Gas und regen es zum Leuchten an. Daher bezeichnet man diese Nebel als *helle Nebel* bzw. *Emissionsnebel*. Der Lagunennebel ist aber auch ein *Reflexionsnebel*, da niederenergetische Photonen gestreut, also reflektiert werden. Dieses äußere heiße Gas umgibt die dichten und kalten Globulen und übt einen zusätzlichen Druck aus. Die Autoren schildern die Beobachtung von etwa zwanzig solcher Globulen im Lagunennebel und verweisen auf E.E. Barnard, der bereits im Jahre 1908 diese Globulen als Flecken oder Löcher wahrnahm.

Die Leistung von Bok und Reilly war die Annahme, dass es sich bei den Globulen um Sternentstehungsgebiete handeln könnte. Eine Untersuchung war wegen der Dichte (hohe Opazität) und der Kleinheit (Durchmesser von wenigen Lichtjahren) dieser Globulen zur damaligen Zeit nicht möglich. Infrarotaufnahmen der 1990er Jahre bestätigten aber diese Hypothese und wir wissen heute, dass es sich bei diesen Globulen tatsächlich um Sternentstehungsgebiete handelt. Dunkelwolken sind interstellare Wolken, hauptsächlich aus neutralem Wasserstoff (HI-Gebiete) bestehend, mit signifikantem Staubanteil. Sie sind nahezu undurchlässig für das sichtbare Licht, kalt und treten isoliert auf. Sie können aber in HII-Gebieten eingebettet sein, wie die Globulen im Lagunennebel. Dadurch offenbaren sich die Globulen dem Betrachter eindrucksvoll.

3.1.2 Voraussetzung der Sternentstehung

Die Grundlage für die Sternentstehung bilden nach der heutigen Lehrmeinung *interstellare Wolken*, welche aus der *interstellaren Materie* (ISM), der Materie zwischen den Sternen, bestehen. Der Ursprung der ISM wird wie die Geburt der Elemente im Urknall gesehen, aber auch als Produkt chemischer Prozesse von Sternen während ihres Lebens oder nach ihrem spektakulären Tod als Supernova. Die ISM ist sowohl Basis für die Sternentstehung als auch Folge eines Sternentodes. Man spricht in diesem Zusammenhang von dem *Materiekreislauf* bei der Entwicklung von Sternen.

Die Temperatur in einer solchen interstellaren Materiewolke sollte für die Sternentstehung recht niedrig sein, denn sonst ist die thermische Energie der Gasatome ein Hindernis für ihre Kontraktion. Auf der anderen Seite muss die interstellare Wolke aber eine ausreichende Dichte haben, so dass der Kontraktionsprozess durch eigene Gravitation gefördert wird. Weitere Zutaten sind eine ausreichende Menge von Staub und Molekülen, auf die wir noch zu sprechen kommen werden. Diese Grundvoraussetzungen werden vorzugsweise in den sogenannten *HI-Gebieten* erfüllt. Dies sind Bereiche, in denen neutraler sowie molekularer Wasserstoff (H_2) vorliegen und welche relativ gesehen recht kühl sind. Untersuchungen an *Barnard68* aus dem Jahr 2012, bei denen das Max-Planck-Institut für Astronomie in Heidelberg federführend war (Nielbock et al. 2012), haben ergeben, dass diese Dunkelwolke eine Temperatur von 16 K (– 257 °C) und eine Masse von etwa 3,1 $\mathcal{M}_\odot$ besitzt.

Von den HI-Gebieten unterscheiden sich die *HII-Gebiete*, welche sehr heiß sind und in denen der Wasserstoff ionisiert vorliegt. Ein typisches Beispiel ist der Orionnebel, ein heller Emissionsnebel, in dem Sternentstehung bereits stattgefunden hat. Die interstellare Wolke eines HII-Gebiets hat Durchmesser von mehreren hundert Lichtjahren. Das hochenergetische Licht der darin entstandenen Sterne ionisiert den umgebenden Wasserstoff und die Sternwinde zerstreuen das sie umgebende Gas. Grundsätzlich sind dann die Voraussetzungen für neue Sterne nicht mehr gegeben.

Kühlung interstellarer Wolken ist der Schlüssel für die Sternentstehung. Weitere Erkenntnisse lieferte die Beobachtung von jungen und heißen Sternen der Spektralklassen *O* und *B*, die, wie in Abschn. 2.3 diskutiert, wesentlich jünger sein müssen als unsere Sonne (Scheffler und Elsässer 1984). Auch wurde beobachtet, dass gerade die Sterne der Spektraltypen *O* und *B* stärker assoziiert sind, sprich man findet Anhäufungen von *O*-Sternen, welche dicht beisammenstehen. Wenn man nun davon ausgeht, dass Sterne in Gruppen entstehen, dann ist die Vermutung naheliegend, dass diese Assoziationen aus der gleichen interstellaren Wolke entstanden sind und weil die Entstehung in kosmischen Maßstäben vor kurzer Zeit stattfand, sich diese Sterne noch nicht weit von ihrem Entstehungsort entfernen konnten. Simulationen und theoretische Überlegungen verlangen, dass sich Sterngruppen nach etwa 10 Millionen Jahren aufgelöst haben sollten. Findet man aber solche *O*-Assoziationen, lässt sich daraus schließen, dass ihre Entstehung weniger als 10 Mio. Jahre zurückliegt. Messungen der Eigenbewegungen an Assoziationen von *O*-Sternen von einigen km/s bestätigen diese Annahmen, da eine Rückrechnung ihrer Position zu einem identischen Entstehungsort führt. Untersucht man nun die räumliche Verteilung dieser *O*- und *B*-Sterne in unserer Galaxis dann findet man eine Verteilung, welche vorzugsweise in der galaktischen Ebene liegt mit einer Schichtdicke von etwa 300 Lj. Dies ist im Einklang mit der Verteilung der ISM innerhalb unserer Galaxis mit einer Schichtdicke von etwa 600 Lj (Scheffler und Elsässer 1984). Das ist das stärkste Argument für die ISM als Basis der Sternentstehung, zumal auch die chemische Zusammensetzung dieser jungen Sterne der chemischen Zusammensetzung der sie umgebenden ISM entspricht.

Dunkelwolken können, bezüglich ihres physikalischen Zustands, recht gut untersucht und lokalisiert werden. Grund ist der neutrale Wasserstoff, welcher eine charakteristische Wellenlänge von 21 cm aufweist, die radioastronomisch gemessen werden kann und in Abschn. 3.2.2 erläutert wird. Dies erlaubt eine Bestimmung der Verteilung und Lokalisierung von Sternentstehungsgebieten. Messungen der Stärke dieser Linie in Verbindung mit optischer Messung von interstellarer Absorption ermöglichen eine Abschätzung der Temperatur und Dichte dieser Dunkelwolken. Die Temperatur überschreitet kaum einen Wert von 100 K und es liegen pro Kubikzentimeter etwa 10 bis 100 Atome vor. Bei der Erzeugung eines Vakuums auf der Erde ist dies ein guter Wert, im interstellaren Raum ist dies eine Materiewolke. Dass die Temperatur der Wolke nicht nahe am absoluten Nullpunkt liegt hängt damit zusammen, dass die niederenergetische kosmische Strahlung und kosmische Röntgenstrahlung die interstellare Materie in diesen Bereichen erwärmt und eine schwache Ionisation hervorruft. Betrachtet man die Häufigkeit der Elemente in der interstellaren Wolke, so besteht diese im Durchschnitt aus gut 70 % Wasserstoff und 28 % Helium. Die restlichen 2 % sind mikroskopische Silikat- und Graphitpartikel (Lesch und Müller 2011).

Die Kühlung der interstellaren Wolke ist proportional zum Quadrat ihrer Dichte, daher forderten wir eine dichte interstellare Wolke zur Sternbildung, weil sonst eine Kontraktion unmöglich wäre. Die Durchmesser von interstellaren Wolken liegen typischerweise zwischen ein und hundert Lichtjahren, ihre Massen betragen wenige bis einige tausend Sonnenmassen. Nicht alle interstellaren Wolken sind Kandidaten für Sternentstehungsgebiete.

3.2 Von der interstellaren Wolke zum Protostern

3.2.1 Temperatur und Dichte

In Abschn. 3.1.2 haben wir bereits die wichtigsten Mechanismen motiviert, die zur Bildung von Sternen führen können. Die Kühlung der Wolke ist essenziell, fördert sie doch die Verdichtung und Verdichtung wiederum verstärkt die Kühlung. Ohne diese bliebe die Wolke sonst für eine sehr lange Zeit in einem Gleichgewicht, könnte sich gar auflösen und nur externe Faktoren könnten dafür sorgen, dass sich die Wolke weiter verdichtet wie zum Beispiel die Druckwelle einer *Supernova*. Teile der interstellaren Wolke verdichten sich dadurch, so dass sie eine größere Anziehung auf das umgebende Gas ausüben, welches auf die Dichtezentren zuströmt und dadurch noch mehr Masse ansammelt. Oftmals ergeben sich solche Dichtekonzentrationen an verschiedenen Orten der Materiewolke, so dass in der Wolkenregion an mehreren Stellen gleichzeitig Sternentstehung stattfindet.

Alternativ kann in der Wolke eine ausreichend große Masse enthalten sein, so dass der innere Gasdruck bei weiterer Kühlung der Eigengravitation unterliegt und die Wolke aufgrund ihrer eigenen Schwerkraft in sich zusammenfällt.

In beiden Fällen kollabiert die interstellare Wolke. Die Kriterien dafür kann man als Funktion ihrer Temperatur T_W und Dichte ρ_W formulieren. Im Folgenden wollen wir die fundamentalen Parameter für diesen Prozess qualitativ und quantitativ beschreiben. Wir diskutieren die einzelnen Schritte, die eine interstellare Wolke in eine kühle und dichte Dunkelwolke überführen und schließlich die Bildung der sogenannten *Protosterne* ermöglichen.

3.2.2 Das Jeans-Kriterium

Diese Vorüberlegungen, dass eine interstellare Wolke kollabieren muss um Sterne zu erzeugen, veranlassten den englischen Physiker *James Hopwood Jeans (1877–1946)* die entsprechenden analytischen Bedingungen zu formulieren. Wir wollen die Grundgedanken hierzu zusammenfassen, da diese auch später bei den Sternen selbst eine entscheidende Rolle spielen, nämlich bei der Beantwortung der Frage nach ihrem Tod.

In einer interstellaren Wolke, welche sich in einem thermisch stabilen Gleichgewicht befindet, trägt der Gasdruck in jedem Abstand r_W von ihrem Mittelpunkt die Lasten der äußeren Schichten. Im Gleichgewicht formuliert das *Virialtheorem* der klassischen Mechanik diesen Zustand, wenn die (negative) potenzielle Energie der doppelten thermischen Energie in der interstellaren Wolke entspricht (Scheffler und Elsässer 1984)

$$2E_W^{th} = -E_W^{pot}. \tag{3.1}$$

Physikalisch kann Bedingung (3.1) auch so interpretiert werden, – bei der Diskussion der Sterne werden wir davon noch Gebrauch machen – dass gewonnene Gravitationsenergie zur Hälfte in thermische Energie, zur anderen Hälfte in Strahlung überführt wird.

Aus der idealen Gasgleichung folgt für die thermische Energie eines Gases

$$E_W^{th} = \frac{3}{2}\mathcal{N} k_B T_W = \frac{3}{2}\frac{\mathcal{M}_W}{m_H} k_B T_W, \tag{3.2}$$

wobei $k_B = 1,381 \cdot 10^{-23}\,\mathrm{JK}^{-1}$ die Boltzmann-Konstante bezeichnet und $\mathcal{N}$ die Anzahl der Atome innerhalb des idealen Gases, welches wir näherungsweise komplett aus Wasserstoffatome der Masse $m_H = 1,674 \cdot 10^{-27}\,\mathrm{kg}$ bestehend annehmen.

Idealisiert man nun die interstellare Wolke als Kugel mit konstanter Dichte ρ_W und baut diese mit einer Schichtdicke $\mathrm{d}r_W$ bis zu ihrem Radius R_W auf, so berechnet sich der Zuwachs an potenzieller Energie $\mathrm{d}E_W^{pot}$ aus dem Gravitationspotenzial $\Gamma(r_W)$ und dem Massenzuwachs $\mathrm{d}\mathcal{M}_W(r_W, \mathrm{d}r_W) = \rho_W A(r_W)\,\mathrm{d}r_W = \rho_W 4\pi r_W^2\,\mathrm{d}r_W$, wobei $A(r_W)$ die Oberfläche der neuen Schicht mit Radius r_W bedeutet, zu

$$\begin{aligned} \mathrm{d}E_W^{pot}(r_W, \mathrm{d}r_W) &= \Gamma(r_W)\,\mathrm{d}\mathcal{M}_W(r_W, \mathrm{d}r_W) \\ &= -\frac{G\mathcal{M}_W(r_W)}{r_W}\,\rho_W 4\pi r_W^2\,\mathrm{d}r_W = -\frac{16\pi^2}{3}\,G\rho_W^2 r_W^4\,\mathrm{d}r_W. \end{aligned} \tag{3.3}$$

Für die potenzielle Energie der idealisierten Wolke mit Radius R_W gilt dann

$$E_W^{pot} = \int_0^{E_W^{pot}(R_W)} \mathrm{d}E_W^{pot}(r_W, \mathrm{d}r_W) = -\frac{16\pi^2}{3}G\rho_W^2 \int_0^{R_W} r_W^4\,\mathrm{d}r_W = -\frac{3}{5}\frac{G\mathcal{M}_W^2}{R_W}, \tag{3.4}$$

wobei $G = 6,674 \cdot 10^{-11}\,\text{m}^3\text{kg}^{-1}\text{s}^{-2}$ wieder die Gravitationskonstante bezeichnet und die Beziehung $\mathcal{M}_\text{W} = (4/3)\pi R_\text{W}^3\,\rho_\text{W}$ verwendet wurde.

Es folgt aus den Beziehungen (3.2) und (3.4) und dem Virialtheorem (3.1), dass dann Gleichgewicht in der interstellaren Wolke herrscht, wenn

$$2E_\text{W}^\text{th} = 3\frac{\mathcal{M}_\text{W}}{m_\text{H}}k_\text{B}T_\text{W} = \frac{3}{5}\frac{G\mathcal{M}_\text{W}^2}{R_\text{W}} = -E_\text{W}^\text{pot}. \tag{3.5}$$

Eine Wolke kollabiert, wenn ihre potenzielle Energie die thermische Energie übersteigt. Aus Beziehung (3.5) folgt somit als Grenzwert für ihre Masse

$$\mathcal{M}_\text{W} > \frac{5k_\text{B}}{Gm_\text{H}}R_\text{W}T_\text{W}. \tag{3.6}$$

Der Radius R_W der Wolke lässt sich als Funktion der mittleren Dichte ρ_W und der Masse $\mathcal{M}_\text{W}$ schreiben und wir erhalten

$$\mathcal{M}_\text{W} > \sqrt{\left(\frac{5k_\text{B}}{Gm_\text{H}}\right)^3}\sqrt{\frac{3}{4\pi}}\sqrt{\frac{T_\text{W}^3}{\rho_\text{W}}} = \widetilde{\mathcal{M}}_\text{W}^\text{J}. \tag{3.7}$$

Mit $\widetilde{\mathcal{M}}_\text{W}^\text{J}$ bezeichnen wir die *Jeans-Masse*. Sie ist die kritische Masse, welche, wenn sie überschritten wird, dazu führt, dass die potenzielle Energie dominiert und die interstellare Wolke kollabiert. Es gilt in unserer Näherung

$$\mathcal{M}_\text{W} > \widetilde{\mathcal{M}}_\text{W}^\text{J} \propto T_\text{W}\sqrt{T_\text{W}/\rho_\text{W}}. \tag{3.8}$$

Nehmen wir an, die interstellare Wolke besitzt eine Temperatur von $T_\text{W} = 100\,\text{K}$ und einen Radius von $R_\text{W} = 1\,\text{Lj}$. Nach Formel (3.6) müsste die Masse der Wolke dann mindestens $300\,\mathcal{M}_\odot$ betragen, um zu kollabieren, bei einer Temperatur von $T_\text{W} = 10\,\text{K}$ reichen bereits $30\,\mathcal{M}_\odot$ aus. Kennt man die Entfernung der Wolke sowie ihre Winkelausdehnung, ist es leicht den Wolkenradius in Lichtjahren zu berechnen. Wie bereits erwähnt, dient die 21-cm-Linie (HI-Linie) des neutralen Wasserstoffs, der ja reichlich in HI-Gebieten vorkommt, zur Untersuchung der physikalischen Eigenschaften einer interstellaren Wolke. In der Regel sind die Wasserstoffatome in interstellaren Wolken in ihrem Grundzustand. Durch Stoßanregung können sie aber in einen energetisch höheren Zustand versetzt werden (Proton und Elektron haben antiparallelen Spin) und beim Übergang zurück in den Grundzustand (von der Natur bevorzugter paralleler Spin zwischen Proton und Elektron) emittiert das Wasserstoffatom elektromagnetische Strahlung von 1 420 MHz, welche einer Wellenlänge im Vakuum von 21 cm entspricht, die radioastronomisch erfasst werden kann. Mittels Doppler-Effekt können so die

Tab. 3.1 Die Jeans-Masse $\widetilde{\mathcal{M}}_W^J/\mathcal{M}_\odot$ in Abhängigkeit von T_W für $\rho_W = 10^{-20}\,\text{kg}\,\text{m}^{-3}$

T_W	10 K	20 K	30 K	50 K	70 K	100 K
$\widetilde{\mathcal{M}}_W^J/\mathcal{M}_\odot$	1 200	3 400	6 200	13 300	22 100	37 700

Bewegungsrichtung und die Geschwindigkeit der interstellaren Wolke ermittelt werden. Die HI-Linie gibt Auskunft über die Temperatur, das Magnetfeld und die Teilchendichte der interstellaren Wolke (Scheffler und Elsässer 1984). Dies alles wird uns in Abschn. 3.2.3 detailliert begegnen, wenn wir die Dynamik der interstellaren Wolken behandeln.

So wurde als typische Teilchendichte $\rho_W = 10^{-20}\,\text{kg}\,\text{m}^{-3}$ für interstellare Wolken bestimmt. Mit der Masse für das Wasserstoffatom m_H entspricht dies sechs Millionen Wasserstoffatomen m^{-3} bzw. sechs Wasserstoffatomen cm^{-3}. Dieser Wert der mittleren Dichte ist natürlich nur als Näherungswert anzusehen und Messungen ergaben Werte, welche um einen Faktor 10 000 höher oder niedriger lagen. Auch gibt es innerhalb der interstellaren Wolken Dichteunterschiede, da der Wasserstoff nicht homogen über die Wolke verteilt ist.

Abschließend wollen wir in Tab. 3.1 die Jeans-Masse aus Formel (3.7) in Einheiten der Sonnenmasse $\mathcal{M}_\odot$ für verschiedene Temperaturen T_W angeben.

Die unter idealisierten Annahmen erhaltenen Werte wurden durch genauere Rechnungen im Wesentlichen bestätigt (Scheffler und Elsässer 1984).

3.2.3 Dynamik interstellarer Wolken

Wir haben in Abschn. 3.2.2 eine Abschätzung für die Masse der Wolke als Funktion ihrer Temperatur und Dichte präsentiert, ab der eine gravitationelle Instabilität zu erwarten ist und die interstellare Wolke kollabiert. Hierbei haben wir die thermische Energie eines (idealen) Gases seiner potenziellen Energie gegenübergestellt. Es gibt aber noch weitere Faktoren, welche die Dynamik der interstellaren Wolke beeinflussen und der Eigengravitation entgegenwirken. Dies sind, neben der thermischen Energie, ihre Rotation und ihr Magnetfeld. Auf diese Punkte gehen wir im Folgenden ein, insbesondere auf den wichtigen Kühlungsmechanismus.

Thermische Energie Nach den Ausführungen zur Bestimmung der Jeans-Masse haben wir gefolgert, dass diese proportional zu $T_W\sqrt{T_W}$ ist. Somit sollte die Wolke eine möglichst geringe Temperatur besitzen um kollabieren zu können.

Gleichzeitig ist die kritische Masse der Wolke indirekt proportional zu $\sqrt{\rho_W}$, so dass diese gleichzeitig möglichst dicht sein sollte. Nach Tab. 3.1 sollte die Wolkenmasse bei einer mittleren Dichte $\rho_W = 10^{-20}\,\mathrm{kg\,m^{-3}}$ und einer Temperatur von nur $T_W = 100\,\mathrm{K}$ schon mindestens $\mathcal{M}_W > \widetilde{\mathcal{M}}_W^J = 37\,700\,\mathcal{M}_\odot$ besitzen. Somit haben nach dem Jeans-Kriterium relativ massearme, heiße und nicht sehr dichte Wolken keine Möglichkeit zu kollabieren. Die Kühlung einer interstellaren Wolke ist für die Sternbildung von entscheidender Bedeutung.

Bei sehr heißen Wolken erfolgt die Kühlung durch *Synchrotronstrahlung*. Hierzu muss die Wolke von Magnetfeldern durchzogen sein, entlang deren Kraftlinien die freien Elektronen des ionisierten Gases beschleunigt werden und dadurch Photonen abstrahlen, was die innere Energie der Wolke senkt. Ein weiterer Kühlungsmechanismus ist der *inverse Compton-Effekt*. Er findet frei von Feldlinien statt indem die freien Elektronen Energie an Photonen übertragen, welche ebenso wie die Synchrotron-Photonen die heiße und weniger dichte Wolke verlassen können.[1] Beide Effekte dienen der Kühlung heißer interstellarer Wolken (Lesch und Müller 2011).

Bei mittleren Temperaturen der interstellaren Wolke um die 1 000 K dominiert die *Stoßanregung* den Kühlungsmechanismus. Die kinetische Energie eines Atoms geht dabei auf ein anderes Atom über, welches einen energetisch höheren Energiezustand annimmt, indem sein Hüllenelektron eine energetisch höhere Schale einnimmt. Beim Übergang in den Grundzustand wird diese Energie dann durch Aussenden eines Photons freigesetzt, welches im Idealfall die Wolke verlässt. Zusätzlich kann ein ionisiertes Atom ein freies Elektron einfangen, im sogenannten *Rekombinationsprozess*, was ebenfalls ein Photon mit entsprechender Energie freisetzt. In Wolken, in denen hauptsächlich Wasserstoffatome vorliegen führen beide Prozesse zu einer deutlichen Abkühlung und Verdichtung. Die Verdichtung wiederum fördert die Stoßanregung, da die freie Weglänge der Teilchen weiter reduziert wird, was wiederum den Kühlungsmechanismus vorantreibt. Am Ende ist die Wolke auf einige hundert Kelvin abgekühlt, was immer noch eine sehr hohe Masse für einen möglichen Kollaps fordert (Lesch und Müller 2011). Die meisten Wolken besitzen aber diese Massen nicht, somit ist weitere Kühlung notwendig. Bei 100 K und einer Dichte von

---

[1] Eine interessante Anwendung des inversen Compton-Effekts in Form des *Sunjajew-Seldowitsch-Effekts* ist die Tatsache, dass hochenergetische Elektronen des heißen und stark ionisierten Mediums zwischen Galaxienhaufen mit den Photonen der kosmischen Hintergrundstrahlung wechselwirken und somit lokal das gleichmäßige Spektrum der Hintergrundstrahlung energetisch erhöhen. Es ergibt sich dadurch die Option, durch die Messung derartiger Anomalien Galaxienhaufen zu orten.

100 Atomen cm^{-3}, was $\rho_\mathrm{W} = 1{,}7 \cdot 10^{-19}\,\mathrm{kg\,m}^{-3}$ entspricht, wird nach Formel (3.7) immer noch eine Masse $\mathcal{M}_\mathrm{W} > \widetilde{\mathcal{M}}^\mathrm{J}_\mathrm{W} \approx 10\,000\,\mathcal{M}_\odot$ benötigt. Wie wir bereits besprochen haben sind Temperaturen um die 10 K ideal. Bei 10 000 Atomen cm^{-3} ($\rho_\mathrm{W} = 1{,}7 \cdot 10^{-17}\,\mathrm{kg\,m}^{-3}$) würde für $T_\mathrm{W} = 10\,\mathrm{K}$ eine Masse von $\mathcal{M}_\mathrm{W} > \widetilde{\mathcal{M}}^\mathrm{J}_\mathrm{W} \approx 30\,\mathcal{M}_\odot$ für einen Kollaps der Wolke genügen. Bei einigen hundert Kelvin ist die Energie in der Wolke bereits zu gering um durch Stoßanregung oder inversen Compton-Effekt weitere Kühlung zu erlangen. Hier sind wir im Bereich der HI-Gebiete mit vorwiegendem Gehalt von Wasserstoffatomen und nähern uns dem Bereich der Molekülwolken, den Dunkelwolken, in denen neutrale Wasserstoffmoleküle dominieren. An dieser Stelle spielt der bereits erwähnte Staub in Form von Silikat- und Graphitpartikeln eine entscheidende Rolle sowie die in der interstellaren Wolke vorkommenden Moleküle wie Wasser, Cyan, Kohlenmonoxid bis hin zu komplexen Aminosäuren. Insgesamt wurden über einhundert verschiedene Molekülarten in interstellaren Wolken nachgewiesen. Durch niederenergetische Stoßanregung können diese Moleküle zu *Schwingungen* angeregt oder in *Rotation* versetzt werden, was bei einer unsymmetrischen Ladungsverteilung des Moleküls zur Aussendung eines Photons mit relativ geringer Energie führt. Das Wasserstoffatom ist dazu weniger geeignet, da es kein Dipolmoment besitzt. Anstelle dessen zeigt das zweithäufigste Molekül hinter Wasserstoff, Kohlenmonoxid, die Voraussetzung zur Bildung von Rotations- bzw. Schwingungsübergängen (Scheffler und Elsässer 1984).

Die so durch die Photonen erzeugte elektromagnetische Strahlung liegt im Infrarot- bzw. Radiobereich. Diese langwellige Strahlung kann die dichte Wolke verlassen, wie wir in Abb. 3.1 bei der Dunkelwolke *Barnard 68* gesehen haben. Die Erzeugung von Schwingungs- und Rotationszuständen der Moleküle findet bis zu einer Temperatur von etwa 10 K statt. Der Staub, der nur etwa 2 % der Wolkenmasse ausmacht, hat zweierlei Funktion: Zum einen nimmt er an der Stoßanregung teil und entzieht der Wolke dadurch Energie in Form von infraroter Strahlung, aber er schirmt die Wolke und mit ihr die wichtigen Moleküle gerade im Außenbereich von der hochenergetischen UV-Strahlung benachbarter Sterne oder der kosmischen Strahlung ab, welche der Wolke wieder Energie zuführt und die darin enthaltenen Moleküle zerstören würde. Zudem dient der Staub als Wirt und Katalysator für Atome, welche sich an seiner Außenseite anlagern und selbst Moleküle, hauptsächlich Wasserstoff, bilden können. Die Molekülwolke darf sich aber nicht zu nahe bei heißen Sternen oder hochenergetischen Strahlungsquellen befinden, denn sonst würde der Staub bei Überschreitung von wenigen tausend Grad Kelvin (Sublimationstemperatur) verdampfen (Lesch und Müller 2011).

Betrachten wir abschließend die Dunkelwolke *Barnard 68* aus Abschn. 3.1.1. Bei einer gemessenen Temperatur von $T_\mathrm{W} = 16\,\mathrm{K}$ im Außenbereich ($T_\mathrm{W} = 8\,\mathrm{K}$

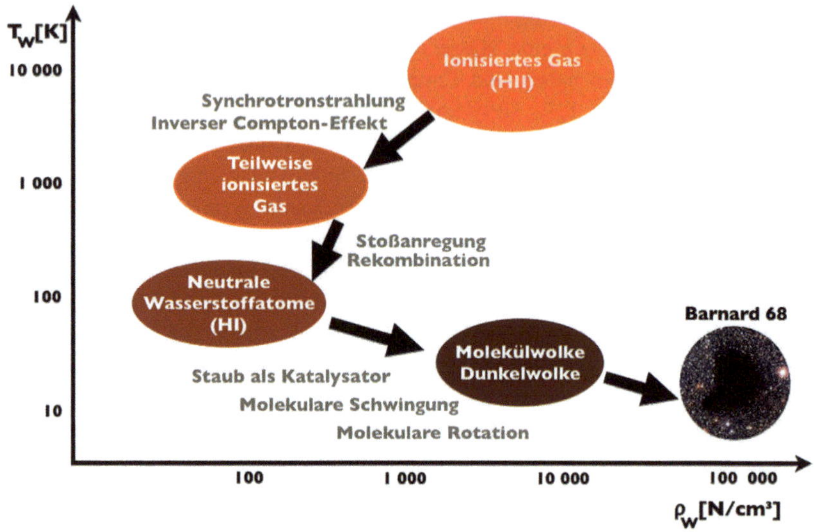

Abb. 3.2 Übergang von einer heißen interstellaren Wolke zu einer Dunkelwolke

im Zentrum) und einer Masse von $3,1\,\mathcal{M}_\odot$ bei einem Durchmesser von 0,5 Lj ist diese *Bok-Globule* ein guter Kandidat für Sternentstehung. Die Dichte der Globule beträgt etwa $\rho_W = 5,7 \cdot 10^{-16}\,\mathrm{kg\,m^{-3}}$ (Nielbock et al. 2012), was einem Äquivalent von etwa 300 000 Atomen cm^{-3} entspricht. Demnach bräuchte *Barnard68* eine Masse von $\mathcal{M}_W > \widetilde{\mathcal{M}}_W^J \approx 10\,\mathcal{M}_\odot$, was etwa das Dreifache ihrer derzeitigen Masse ist, um selbstständig zu kollabieren. Dies tut sie (noch) nicht und demnach befindet sich die Globule in einem *hydrostatischen Gleichgewicht*, einer sogenannten *Bonnor-Ebert-Sphäre* (Nielbock et al. 2012). Es sollten demnach nur äußere Einflüsse, wie externe Dichtewellen, zu einer Instabilität führen und schließlich den Kollaps der Wolke einleiten. A. Burkert und J. Alves schildern die Beobachtung einer etwa zehnmal leichteren Globule, welche im Begriff ist, sich mit *Barnard 68* zu verschmelzen. Simulationen mit leistungsstarken Computern lieferten die Vorhersage, dass dadurch ein Kollaps der entstehenden Gesamtglobule eingeleitet wird. Die Autoren kommen zu dem Ergebnis, dass dies in etwa 200 000 Jahren der Fall sein könnte (Burkert und Alves 2009). Ein sonnenähnlicher Stern könnte sich direkt in unserer kosmischen Nachbarschaft bilden.

In Abb. 3.2 haben wir die einzelnen Übergänge inklusive der jeweiligen Kühlungsmechanismen von einer interstellaren Wolke, in der die Atome fast ausschließlich ionisiert vorkommen (nahezu vollständig ionisiertes Plasma) bis hin zur Molekül- bzw. Dunkelwolke nach den Ausführungen in diesem Abschnitt skizziert. Die Dichte ρ_W ist in Einheit der Anzahl $\mathcal{N}$ von Teilchen cm^{-3} aufgetragen. Die vorgestellten Kühlmechanismen bewirken im Idealfall für Sternentstehung eine Abkühlung der über 10 000 K heißen interstellaren Wolke auf etwa 10 K.

Rotation und Fragmentierung Die interstellaren Wolken, welche sich vorzugsweise in der Ebene unserer Milchstraße aufhalten, besitzen einen *Bahn-* und einen *Eigendrehimpuls*, welche für eine nach außen gerichtete Kraft sorgen, die der Eigengravitation und somit dem Wolkenkollaps entgegenwirkt. Diese Zentrifugalkraft unterstützt den Gasdruck gegen die Gravitation innerhalb der Wolke. Interstellare Wolken umkreisen wie alle Objekte unserer Milchstraße das galaktische Zentrum. Je näher sich die Wolke am Zentrum befindet, desto höher ist der Drehimpuls, da wie im Planetensystem die Kepler'schen Gesetze gelten, nach denen ein Körper eine umso höhere Winkelgeschwindigkeit besitzt, je näher er sich am Schwerezentrum befindet. Das zweite Kepler'sche Gesetz liefert die qualitative Grundlage, das dritte Kepler'sche Gesetz die quantitative Beschreibung. Somit wirkt die Zentrifugalkraft der Gravitation der Wolke entgegen und zwar umso stärker, je näher sich die interstellare Wolke am galaktischen Zentrum befindet.

Der Eigendrehimpuls der interstellaren Wolke kommt zusätzlich dadurch zustande, dass ein Materiefluss aus den äußeren Bereichen in das Zentrum der Wolke nicht streng radial erfolgt und zusätzliche Turbulenzen innerhalb des Gases zu einem Drehmoment führen. Um diese destruktive Zentrifugalkraft zu verringern, existiert eine praktikable Lösung, die *Fragmentierung* (Scheffler und Elsässer 1984). Dichtewellen und Turbulenzen sorgen dafür, dass es innerhalb einer Wolke lokale und kühle Dichtezentren geben kann. Diese können sich von der ursprünglichen Wolke abspalten (Fragmentierung) und bilden isolierte, dichtere Wolken. Da der Drehimpuls eine Erhaltungsgröße ist, verteilt sich dieser auf die einzelnen Fragmente, in denen die Zentrifugalkraft nun verringert ist. Dieser Prozess kann sich theoretisch immer weiter auch in den einzelnen Fragmenten fortsetzen, so dass Unterfragmente gebildet werden, die nun jedes für sich einen immer geringeren Drehimpuls aufweisen. Einzelne Dichtezentren, welche zur Fragmentierung führen können, entstehen durch innere Turbulenzen (ausgelöst z. B. durch Sternwinde), Dichtewellen naher Supernovae-Explosionen oder durch die Potenzialwellen der Spiralarme unserer Galaxis. Die einzelnen Fragmente erreichen als Temperaturuntergrenze $T_W = 10\,K$, denn sonst könnten Photonen die Wolke nicht mehr verlassen und es würde der gegenteilige Effekt, eine Aufheizung der Wolke, stattfinden. Theoretische Vorhersagen und Simulationen geben als Untergrenze dieser Fragmente eine Masse von etwa $0,01\,\mathcal{M}_\odot$ (Scheffler und Elsässer 1984). Fragmentierung als Prozess und Grundlage der Sternentstehung wird auch durch die Beobachtung unterstützt. Einzelsterne haben in der Regel Massen, die deutlich unter hundert Sonnenmassen liegen, obwohl große Molekülwolken massereiche Sterne durchaus produzieren könnten. Zudem treten junge Sterne bevorzugt in Assoziationen und Sternhaufen auf. Der Eigendrehimpuls der Wolke wird auch durch die differenzielle Rotation der interstellaren Wolke reduziert. Hierbei rotieren die inneren Bereiche der Wolke schneller und geben Drehimpuls an die äußeren Bereiche ab. Die Reibungsverluste verringern ebenfalls in Summe den Eigendrehimpuls.

Der Drehimpuls beeinflusst die Form der Wolkenfragmente. Die Zentrifugalkraft wirkt senkrecht zur Rotationsachse der Wolke, somit erhält die Wolke mehr und mehr die Form einer abgeplatteten Scheibe mit einem dichten Kern.

Magnetfeld Interstellare Wolken besitzen ein inneres Magnetfeld, welches ebenfalls der Gravitation und somit dem Wolkenkollaps entgegenwirkt. Bestünde die Wolke nur aus neutralen Atomen, könnte sich kein Magnetfeld bilden. Allerdings liegt immer ein Teil des Wolkengases ionisiert, als Plasma, vor (Lesch und Müller 2011; Scheffler und Elsässer 1984). So haben wir in Abschn. 3.2.3 die Anwesenheit von Magnetfeldern in heißen, ionisierten Wolken als Grundlage für den Kühlungsmechanismus durch Synchrotronstrahlung kennengelernt.

Bei der Kontraktion werden die Magnetfelder komprimiert und es baut sich ein *magnetischer Druck* auf. Wir haben in Abschn. 3.2.3 die Rekombination besprochen. Dadurch verringert sich die Anzahl der ionisierten Teilchen und das Magnetfeld wird mit zunehmender Kühlung und Kontraktion der Wolke schwächer. Positiv wirkt sich das Magnetfeld auf die Verringerung des Drehimpulses aus. Durch den Drehimpuls werden die geladenen Teilchen schneller bewegt und da die Magnetfeldlinien senkrecht zum Strom der geladenen Teilchen gekoppelt sind wird ihre Bewegung abgebremst. In Modellrechnungen wurde festgestellt, dass der Drehimpuls bei Verringerung des Wolkendurchmessers durch die Anwesenheit der Magnetfeldlinien nahezu gleich bleibt (Lesch und Müller 2011), anders als es die Drehimpulserhaltung fordert.

Im Jahr 1956 berechneten L. Mestel und L. Spitzer (Mestel und Spitzer 1956) die kritische Masse einer interstellaren Wolke, unter der das Magnetfeld einen gravitativen Kollaps nicht mehr zulässt. Sie kommen zu dem Ergebnis, dass eine interstellare Wolke mindestens $500\,\mathcal{M}_\odot$ besitzen muss bei einer Feldstärke von 10^{-6} Gauss und einer Dichte von $\rho_W = 1,66 \cdot 10^{-23}\,\mathrm{kg\,m^{-3}}$. In unserer Standardtheorie gehen wir davon aus, dass die interstellaren Wolken diese Masse besitzen und das Magnetfeld die Kontraktion zwar be-, aber nicht verhindert.

Außendruck Häufig sind Dunkelwolken von einem dünnen, heißen Gas umgeben, welches zusätzlichen Druck ausübt und die Kontraktion unterstützt (Scheffler u. Elsässer, 1984). Der Druck berechnet sich für ein ideales Gas der Temperatur T zu $P = \mathcal{N} k_B T$, wobei k_B wieder die Boltzmann-Konstante aus Abschn. 3.2.2 bezeichnet. In Modellrechnungen der Sternentstehung findet der Außendruck selten Anwendung. Er sei aber hier der Vollständigkeit halber erwähnt um das Bild der Kräfteverhältnisse zu komplettieren.

Dauer der Kontraktionsphase Wir haben nun die Kräfte in der interstellaren Wolke kennengelernt, welche über den Kollaps entscheiden.

- Der Kollaps der Wolke wird durch die Gravitation initiiert und den Außendruck unterstützt, wenn die interstellare Wolke von einem heißen Gas umgeben ist. Das vorhandene Magnetfeld verringert den in der Wolke bestehenden Drehimpuls.
- Dem Kollaps entgegen wirken der thermische Druck des Gases ($\propto T_W$), der Strahlungsdruck ($\propto {T_W}^4$), der magnetische Druck und der Drehimpuls der interstellaren Wolke.

Der thermische Druck leitet sich wie unter Abschn. 3.2.2 beschrieben aus der idealen Gasgleichung ab und ist eine Funktion der Temperatur T_W und der in der Wolke vorhandenen Teilchen. Der temperaturabhängige Strahlungsdruck P_S, der durch die ausgesandten Photonen entsteht, dominiert für hohe Temperaturen ($P_S \propto {T_W}^4$).

Betrachten wir nun die Phasen und die Zeitdauer der Kontraktion. Wir folgen dem Beispiel aus (Lesch und Müller 2011) für eine Dunkelwolke bzw. ein Molekülwolkenfragment mit einer Temperatur $T_W = 10\,\mathrm{K}$, der Dichte $\rho_W = 10^{-16}\,\mathrm{kg\,m^{-3}}$ und einem Durchmesser von $0,3\,\mathrm{Lj}$. Dies entspricht in etwa den Gegebenheiten in der Dunkelwolke *Barnard 68*.

Läge nur die Gravitation vor, würde die Wolke einen *dynamischen Kollaps* erfahren und die Materie würde in das Zentrum der Dunkelwolke *fallen*. Man bezeichnet die Zeit, welche ein Teilchen vom Rand der Wolke oder des Sterns bis in das Zentrum benötigt als *Freifallzeit* bzw. *dynamische Zeitskala* (Scheffler und Elsässer 1984, S. 422). Die Freifallzeit τ_{dyn} ist abhängig von der mittleren Dichte $\overline{\rho}$ und berechnet sich zu

$$\tau_{dyn} \approx \sqrt{\frac{1}{G\overline{\rho}}}, \tag{3.9}$$

wobei G wieder die Gravitationskonstante bezeichnet. Für unser Beispiel mit $\overline{\rho} = \rho_W = 10^{-16}\,\mathrm{kg\,m^{-3}}$ beträgt die Freifallzeit etwa 388 000 Jahre. Im Vergleich dazu berechnen wir für die Sonne $\tau_{\mathrm{dyn}} \approx 50\,\mathrm{min}$. Je höher die mittlere Dichte $\overline{\rho}$, desto geringer die Freifallzeit τ_{dyn}.

Mit dem Beginn des Kollapses der interstellaren Wolke wird Gravitationsenergie in thermische Energie und Strahlung gemäß dem Virialtheorem aus Abschn. 3.2.2 umgewandelt. Durch die noch nicht sehr dichte Materie kann die gewonnene Energie noch relativ ungehindert die Wolke verlassen. Nach der Freifallzeit hat sich ein *prästellarer Kern* gebildet, welcher so dicht ist, dass die Energie nicht mehr ungehindert entweichen kann. Der Wolkenkern ist nun *optisch dick*. Der daraus resultierende Anstieg von Temperatur und Druck sorgt dafür, dass der Kollaps vorübergehend gestoppt wird und der Kern ein *quasi-hydrostatisches Gleichgewicht* erreicht. Über 99 % der ursprünglichen Wolkenmasse umgibt den entstandenen Wolkenkern in einer ausgedehnten und dünnen Gashülle. Im Kern selbst ist die Temperatur auf etwa 500 K angestiegen und es liegen hauptsächlich Wasserstoffmoleküle vor. Die Größe des Kerns entspricht etwa der Jupiterbahn. Dies ist das Ende des *ersten Kollaps*, die dynamische Phase ist beendet.

Es folgt die quasi-statische Phase der sogenannten *Kelvin-Helmholtz-Kontraktion*. Dies ist die Zeit, in der dem prästellaren Kern noch keine eigene Energiequelle zur Verfügung steht und er seine Strahlungsverluste allein aus der Gravitationsenergie deckt (Lesch und Müller 2011). Die Zeitdauer τ_{KH} dieser Phase berechnet sich für einen Stern mit Masse $\mathcal{M}_\star$, Radius $R_\star$ und Leuchtkraft $L_\star$ aus der Beziehung

$$\tau_{\mathrm{KH}} = \frac{G}{2} \frac{\mathcal{M}_\star^2}{R_\star L_\star}. \tag{3.10}$$

Je höher die Leuchtkraft, desto kleiner τ_{KH}, da der Stern verschwenderisch mit seinen Ressourcen umgeht. Liegt eine hohe Masse vor, verlängert sich die Zeitdauer, da mehr Gravitationsenergie vorhanden ist. Für unsere Sonne gilt $\tau_{\mathrm{KH}} = 15 \cdot 10^6$ Jahre. Allein durch die Gravitationsenergie würde es die Sonne nicht schon seit 4,5 Mrd. Jahren geben.

Aus der umgebenden Gaswolke strömt weiter Materie auf den prästellaren Kern, was zu einem weiteren Anstieg von Temperatur und Druck führt. Die Materie stürzt inzwischen mit Überschallgeschwindigkeit herab und dadurch entsteht an der Grenze des Kerns eine Stoßwelle (Scheffler und Elsässer 1984). Bei einer Temperatur von knapp unter 2 000 K liegt genug Energie vor um die vorhandene Bindung der Wasserstoffmoleküle aufzulösen. Die Dissoziationsenergie führt zu einer Aufspaltung in einzelne Wasserstoffatome. Diese Energie steht dem Wolkenkern nicht mehr zur Verfügung und somit erfolgt ein zweiter Kollaps, der gestoppt wird, wenn sich erneut ein quasi-hydrostatisches Gleichgewicht eingestellt hat. Dieses tritt ein, wenn alle Atome im prästellaren Kern ionisiert sind, was für das Wasserstoffatom eine Temperatur von 10 000 K voraussetzt.

Ein protostellares Objekt, ein sogenannter *Protostern*, ist nun entstanden. Von außen regnet weiter Materie auf den Protostern und er gewinnt zusätzlich an Masse. Man spricht hierbei von *Akkretion*. Der Protostern besitzt aber noch Reste vom ursprünglichen Drehimpuls der interstellaren Wolke. Somit versucht die Zentrifugalkraft das einfallende Gas vorzugsweise senkrecht zur Rotationsachse vom Protostern fernzuhalten und es sammelt sich teilweise in einer Scheibe um seinen Äquator an. Dies kann Grundlage zur späteren Entstehung von Planeten sein.

Der *zweite Kollaps* führte zur Bildung des Protosterns, der in der Hauptakkretionsphase weiter Material von außen erhält und den Großteil seiner Leuchtkraft aus dem Akkretionsschock gewinnt. Es sind in unserem Beispiel fast 400 000 Jahre vergangen, seit die interstellare Wolke gravitativ instabil wurde. Wenn alle H- und He-Atome ionisiert sind lässt sich über die Dissoziations- und Ionisationsenergie der Radius des Protosterns abschätzen. So entsprach der Radius der *Protosonne* etwa dem Sechzigfachen ihres heutigen Wertes (Scheffler und Elsässer 1984).

3.3 Protosterne

Der neu gebildete und relativ heiße Protostern sendet Strahlung aus, welche durch die Akkretion von Masse aus der ihn umgebenden Gashülle bedingt ist. Das dünne Gas absorbiert diese Strahlung und gibt seinerseits Energie im langwelligen Bereich ab. Daher bieten Infrarot-Durchmusterungen den indirekten Nachweis für die Existenz von Protosternen. Man sieht anfangs nur die Gashüllen, nicht aber die darin eingebetteten Protosterne. Es vergehen in unserem Beispiel rund eine Million Jahre (Lesch und Müller 2011), dann hat sich die Gashülle fast vollständig auf den Protostern abgeregnet und er wird direkt im Infraroten sichtbar.

In Kap. 4 werden wir weitere Beispiele von Protosternen kennenlernen. Hier beschreiben wir eine Entdeckung im *Adlernebel*, die den Titel *Säulen der Schöpfung* verliehen bekam, was sowohl den wissenschaftlichen Prozess beinhaltet als auch eine gewisse Demut zum Ausdruck bringt. Abbildung 3.3 zeigt eine

Abb. 3.3 Protosterne in den *Säulen der Schöpfung* des Adlernebels. (Aufnahme: NASA/ESA/STScI/J. Hester und P. Scowen (Arizona State University))

Detailaufnahme, die dem *Hubble Space Telescope* im Jahr 1995 gelang (Hubble Space Telescope–Newscenter 1995). Zu sehen sind Säulen aus Gas, welche aus einer riesigen molekularen Wolke herausragen. Die Säulen selbst haben eine Länge von mehreren Lichtjahren und tragen auch den sehr bildlichen Namen *Elefantenrüssel*. Innerhalb dieser Säulen findet der in diesem Essential beschriebene Prozess der Protosternbildung statt. Beeinflusst wird dieser von der Strahlung junger, leuchtkräftiger Sterne in der Umgebung. Die Sternwinde, überwiegend die hochenergetische UV-Strahlung, sorgen dafür, dass Materie von den Säulen in den interstellaren Raum transportiert wird. Diesen Effekt bezeichnet man als *Photoevaporation*. Gerade der vorhandene Wasserstoff erweist sich als äußerst flüchtig. Dies ist in Abb. 3.3 gut sichtbar, verleiht er doch den Säulen einen geisterhaften Schleier. Die Protosterne selbst bilden sich in den Globulen innerhalb der Säulen.

Da die Globulen dichter sind, unterliegen sie nicht gleichermaßen der Photoevaporation wie das sie umgebende Gas. Dies führt dazu, dass sich einzelne Globulen bereits von der Muttersäule getrennt haben und wie einsame Wanderer durch den Raum streifen. Mit der *Wide Field and Planetary Camera* des *Hubble Space Telescope* gelang es dem Team um Jeff Hester sogar einzelne Protosterne direkt zu sehen (Hubble Space Telescope–Newscenter 1995). Durch die Photoevaporation wird der in Kap. 3.2.3 beschriebene Materiezufluss auf die Protosterne abgeschnitten, was Auswirkungen bei ihrer Entwicklung zu einem massereichen Stern haben wird. Das Forscherteam vermutet sogar, dass die Photoevaporation den gleichen Effekt für die Protosterne in Abb. 3.3 haben kann. Diese könnten ebenfalls Opfer der hochenergetischen Sternwinde werden, mit der Konsequenz, dass die künftigen Sterne der *Säulen der Schöpfung* nie ein Planetensystem besitzen werden (Hubble Space Telescope–Newscenter 1995).

Aktuelle Ergebnisse und Rückblick 4

Wir haben in diesem Essential die gängige Theorie zur Entstehung der Protosterne präsentiert. Diese ist in sich schlüssig, stimmt weitestgehend mit den Beobachtungen überein, lässt sich mit den Methoden der theoretischen Physik beschreiben und mittels aufwändigen Computersimulationen können die Prozesse gut nachgestellt werden. Albert Einstein soll gesagt haben *„Raffiniert ist der Herrgott, aber er würfelt nicht!"* Auf die Geburt der Sterne übertragen könnte dies bedeuten, dass auch sie den physikalischen Prinzipien gehorchen muss. Aber vielleicht wissen wir noch nicht gänzlich, was wir beschreiben sollen, denn vieles liegt noch im Verborgenen.

Vollständig ist die Theorie der Sternentstehung auch heute noch nicht beschrieben. Viele Fragen suchen noch nach einer abschließenden Antwort. Woher stammen beispielsweise die Molekülwolken, welche wir als Ursprung der Sterne kennengelernt haben? Natürlich sind die entsprechenden Elemente mit dem Urknall entstanden und somit Recycling-Produkte eines seit Milliarden Jahren andauernden Kreislaufs von Werden und Vergehen. Auch die Mechanismen, die schließlich zum Kollaps der interstellaren Wolken führen, sind noch nicht vollumfänglich verstanden. Wir wissen heute, hauptsächlich durch immer leistungsstärkere Instrumente, dass sich die prästellaren Kerne viel mehr untereinander zu beeinflussen scheinen und nicht völlig isoliert entstehen. Einige Forscher nehmen sogar an, dass auch unsere Sonne in einer Assoziation mit anderen Sternen entstanden ist (Young 2014).

Ein Hauptproblem bei der Beobachtung von Protosternen ist die interstellare Wolke selbst. Sie verbirgt, scheinbar schützend, die wichtigsten Phasen der

M. Heyssler, *Das Leben der Sterne*,
DOI 10.1007/978-3-658-07496-8_4

Abb. 4.1 Protosterne in *Messier 78*. (Aufnahme: NASA/JPL-Caltech)

Entwicklung hinter dichten Dunkelwolken, die wir mit vergleichsweise einfachen Mitteln zu durchdringen versuchen. Umfassende Infrarot-Bestandsaufnahmen unserer Galaxis mit dem *Spitzer-Weltraumteleskop* ergaben, dass Dunkelwolken Massen von 100 bis 100 000 $\mathcal{M}_{\odot}$ besitzen und demnach viel massereicher sind als angenommen (Young 2014). Mehr und mehr scheinen die Dunkelwolken in den Mittelpunkt der Forschung zu rücken, entscheiden sie doch bei der Sternentstehung über Masse und Anzahl. Untersuchungen zeigten, dass etwa zwei Drittel der Wolkenmasse nicht direkt für die Sternentstehung genutzt zu werden scheinen. Wenn dem so ist: Ist dies die Regel und was geschieht mit der überschüssigen Materie? Formt sie sich zu einer neuen Molekülwolke oder geht sie im Raum verloren? Wir beginnen gerade Antworten zu finden.

Auch die Frage, was den eigentlichen Kollaps der Wolke auslöst, ist noch nicht endgültig beantwortet. Beobachtungen von Molekülwolken im Radio- und Infrarotbereich mit dem *Spitzer-Weltraumteleskop* zeigen innerhalb der Wolken isolierte Kerne mit wenig Aktivität in denen die Protosternentstehung gerade zu beginnen scheint. Ein Beispiel ist die Dunkelwolke *Barnard 335* im Sternbild *Adler* (Stutz et al. 2008). Die Ergebnisse würden auf ein Nachlassen des thermischen Drucks hinweisen, wie es die Modelle vorhersagen und auf einen Beginn des Wolkenkollapses vor nicht allzu langer Zeit. Abbildung 4.1 zeigt eine Infrarot-

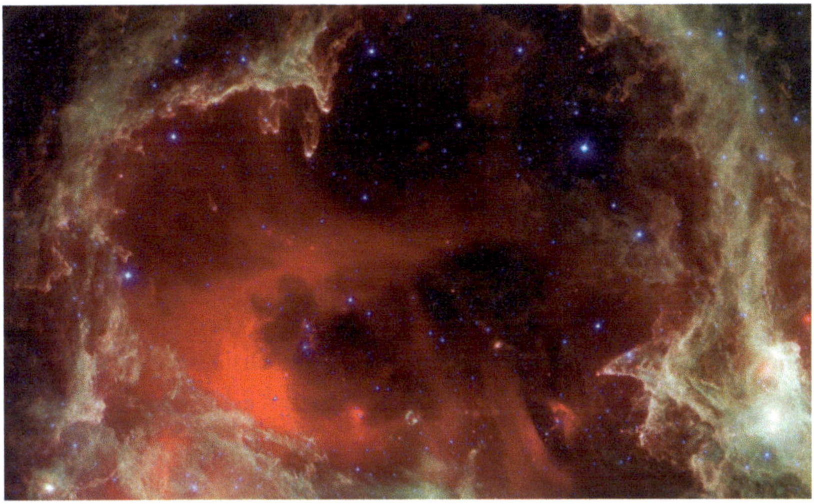

Abb. 4.2 Protosternbildung in der *W5-Region*. (Aufnahme: NASA/JPL-Caltech/Harvard-Smithsonian CfA)

Aufnahme, die dem *Spitzer-Weltraumteleskop* gelang. Protosterne reihen sich wie auf einer Perlenschnur im Reflexionsnebel *Messier 78* im Sternbild *Orion* auf. Bei den hellen, punktförmigen Objekten handelt es sich um Protosterne. Insgesamt beherbergt *Messier 78* neben Protosternen einige Sterne welche nur etwa 100 000 Jahre alt sind. Forscher bezweifeln, dass gleichzeitig der Innendruck bei allen auf der Aufnahme zu sehenden Kernen nachgelassen hat. Dies wäre ein unglaublicher Zufall an den eigentlich kein seriöser Wissenschaftler glauben mag. Wieder war es das Spitzer-Welraumteleskop, welches eine mögliche Antwort geben konnte, nämlich eine externe Auslösung der gleichzeitigen Bildung von Protosternen. Aber nicht, wie schon lange vermutet durch Supernovae-Explosionen, sondern durch Strahlung einer externen und älteren Sternassoziation. Abbildung 4.2 zeigt einen Ausschnitt der sogenannten *W5-Region* innerhalb des Sternbilds *Cassiopeia*. Es handelt sich hierbei um ein Sternentstehungsgebiet, welches etwa 6 500 Lj von uns entfernt ist und eine Ausdehnung von vier Vollmonddurchmessern besitzt. Der Hohlraum der Molekülwolke ist mit jungen leuchtstarken und massereichen Sternen bevölkert. Daneben zeigt die Aufnahme diverse Vorder- und Hintergrundsterne, die mit der Molekülwolke nicht im Zusammenhang stehen. In den Randbereichen fanden die Forscher Protosterne (Koenig et al. 2008), eingebettet in Gashüllen, welche alle etwa das gleiche Alter aufweisen. Die Schlussfolgerungen sind, dass eine so synchrone Wirkung auf die gleiche Ursache zurückzuführen ist und diese bei der Strahlung und den Sternwinden der Sterne im Zentrum der Wolke zu suchen ist. Die Strahlung verdrängt das Gas der Molekülwolke radial, schafft dadurch den Hohlraum, verdichtet es gleichsam und sobald Dichte und Druck ausreichend sind, beginnt die Entstehung von Protosternen mit einem Kollaps der lokalen Dichtezentren. Somit sind die Sterne im Zentrum Auslöser für die Geburt weiterer Sterne in einer sie konzentrisch umgebenden, verdichteten Molekülwolke. Genauere Analysen zeigten, dass das Alter der Sterne vom Zentrum des Hohlraums bis zu den Randbereichen der Molekülwolke abnimmt. Es liegen sozusagen *Sphären der Sternentstehung* vor, die sich konzentrisch um das ursprüngliche Zentrum der interstellaren Wolke formen. Die Kompressionswellen, die durch die Strahlung der Sterne im Inneren des Hohlraums entstehen, breiten sich isotrop aus, so dass sich die Sternentstehung in den Ringen beinahe simultan vollzieht. Die in diesem Essential geschilderte Theorie der Sternentstehung funktioniert sehr gut bei Einzelsternen und, nimmt man die Fragmentierung der interstellaren Wolke hinzu, für kleinere Assoziationen von Sternen. Die Wechselwirkung einer mit Sternen dicht besetzten Umgebung ist lange als wenig ursächlich für deren Entstehung angenommen worden. Diese wechselseitigen Einflüsse und die Bildung von ganzen Sternhaufen wurden insbesondere in den letzten Jahren durch zwei bemerkenswerte Ansätze untersucht.

Die eine Theorie nennt sich *Kompetitive Akkretion.* Die Forscher Matthew Bate, Ian Bonnell und Volker Bromm simulierten den Kollaps einer Molekülwolke, welche einen Durchmesser von 1,2 Lj, eine Masse $\mathcal{M}_W = 50\,\mathcal{M}_\odot$ und eine Temperatur $T_W = 10\,K$ besitzt und zeigten, wie sich zunächst Protosterne und anschließend junge Sterne bildeten. Das Ergebnis war, dass gerade die Wechselwirkung der verschiedenen Wolkenkerne eine entscheidende Rolle bei der Entstehung von Protosternen spielt. Protosterne wanderten durch die Wolke und kämpften darum, zusätzliches Gas durch Akkretion an sich zu reißen. Somit wuchsen einzelne Protosterne mehr als andere. Die im darwinistischen Kampf um neue Materie unterlegenen Sterne verließen als *Braune Zwerge* den Verbund und traten ihre Wanderung durch die Galaxis an (Bate et al. 2002).

Eine andere Theorie nahm nicht die Wechselwirkung der Kerne einer interstellaren Wolke in den Fokus, sondern die Turbulenzen, welche in ihrem Gas stattfinden. Im *Turbulenzmodell* entscheiden, anders als im Modell der *Kompetitiven Akkretion*, die turbulenten Strömungen im Gas über die Größenverhältnisse der Protosterne und lösen den Kollaps der Kerne aus. Dieses Modell der turbulenten Gase wurde u. a. von Mark Krumholz und Christopher McKee entscheidend entwickelt (Krumholz und McKee 2005).

Die Natur scheint weder die eine noch die andere Theorie zu favorisieren. Es handelt sich vielmehr um wichtige Erweiterungen zu der in diesem Essential präsentierten Standardtheorie. Sie geben Antworten auf die Frage, was den Kollaps der einzelnen Wolkenkerne auslöst und wie sich die Massen auf die neuen Sterne verteilen und dies im Einklang mit der Beobachtung, dass Sterne meist in Gruppen entstehen. Es dominiert je nach Gegebenheiten entweder die *Kompetitive Akkretion*, besonders in Gebieten hoher Sterndichte mit einem hohen Maß an Wechselwirkung der Wolkenkerne, oder das *Turbulenzmodell.*

Auch wenn der Herrgott nicht würfelt, so scheint das Universum immer eine Möglichkeit zur Sternbildung zu finden. Die Beschäftigung mit diesem Thema zeigt, dass nicht **das** Paradigma zur Bildung von Protosternen gesucht wird, sondern eine phänomenologisch solide Wechselwirkung zwischen Theorie und Beobachtung.

Wir sind am Ende des ersten Teils über das Leben der Sterne angekommen. In diesem Essential haben wir den Themenrahmen in diesem spannenden Lebenszyklus abgegrenzt und als Vorarbeit die Zustandsgrößen und grundlegenden Eigenschaften von Sternen kennengelernt. Dies ist die Voraussetzung für das weitere Verständnis. Wenn möglich, haben wir versucht die entsprechenden Aspekte geschichtlich einzuordnen und chronologisch anzuordnen. Danach folgte die Behandlung der grundlegenden Theorie der Bildung von Protosternen, den Vorläufern der Sterne. Zum Abschluss haben wir die Standardtheorie kritisch beleuchtet und die Zusammenfassung mit aktuellen Ergebnissen angereichert um ein aktuelles Bild der Forschung zu zeichnen.

Literatur

Alonso-Herrero, A., Ryder, S. D., & Knapen, J. H. (2001). Nuclear star formation in the hotspot galaxy NGC 2903. *Monthly Notices of the Royal Astronomical Society, 322,* 757.

Barnard, E. E. (1919). On the dark markings of the sky, with a catalogue of 182 such objects. *Astrophysical Journal, 49,* 1.

Barstow, M. A., Bond, H. E., Holberg, J. B., Burleigh, M. R., Hubeny, I., & Koester, D. (2005). Hubble Space Telescope spectroscopy of the Balmer lines in Sirius B. *Monthly Notices of the Royal Astronomical Society, 362,* 1134.

Bate, M. R., Bonnell, I. A., & Bromm, V. (2002). The formation mechanism of brown dwarfs. *Monthly Notices of the Royal Astronomical Society, 332,* L65.

Bok, B. J., & Reilly, E. F. (1947) Small dark nebulae. *Astrophysical Journal, 105,* 255.

Burkert, A., & Alves, J. (2009). The inevitable future of the starless core Barnard 68. *Astrophysical Journal, 695,* 1308.

Emilio, M., Kuhn, J. R., Bush, R. I., & Scholl, I. F. (2012). Measuring the solar radius from space during the 2003 and 2006 Mercury transits. *Astrophysical Journal, 750,* 135.

Gerhard, O., Arnaboldi, M., Freeman, K. C., & Okamura, S. (2002). Isolated star formation: A compact H II Region in the Virgo Cluster. *Astrophysical Journal Letters, 580,* L121.

Gliese, W., & Jahreiß, H. (1991). Preliminary Version of the Third Catalogue of Nearby Stars (Astronomisches Recheninstitut Heidelberg 1991), The VizieR Catalogue Service. http://cdsarc.u-strasbg.fr/viz-bin/Cat?V/70A. (Version: 1991).

Gott, J. R. III, Jurić, M., Schlegel, D., Hoyle, F., Vogeley, M., Tegmark, M., Bahcall, N., & Brinkmann, J. (2005). A map of the universe. *Astrophysical Journal, 624,* 463.

Gould, A., Bennett, D. P., & Alves, D. R. (2004). The mass of the MACHO-LMC-5 lens star. *Astrophysical Journal, 614,* 404.

Greenstein, J. L., Oke, J. B., & Shipman, H. L. (1971). Effective temperature, radius, and gravitational redshift of Sirius B. *Astrophysical Journal, 169,* 563.

Herschel, W. (1785). On the construction of the heavens. *Royal Society of London Philosophical Transactions Series I, 75,* 213.

M. Heyssler, *Das Leben der Sterne,*
DOI 10.1007/978-3-658-07496-8

Hipparcos–Catalogue. (1997). The Hipparcos and Tycho Catalogues (ESA 1997), The VizieR Catalogue Service. http://cdsarc.u-strasbg.fr/viz-bin/Cat?cat=I/239. (Version: 1997).

Hubble Space Telescope–Newscenter. (1995). Embryonic stars emerge from interstellar eggs (News Release Number: STScI–1995-44). http://hubblesite.org/newscenter/archive/releases/1995/44/. (Version: 1995).

Jori, A. (2009). *Aristoteles – Über den Himmel*. Berlin: Akademie Verlag. ISBN 978-3-050-04303-6.

Koenig, X. P., Allen, L. E., Gutermuth, R. A., Hora, J. L., Brunt, C. M., & Muzerolle, J. (2008). Clustered and triggered star formation in W5: observations with Spitzer. *Astrophysical Journal, 688,* 1142.

Krumholz, M. R., & McKee, C. F. (2005). A general theory of turbulence-regulated star formation, from spirals to ultraluminous infrared galaxies. *Astrophysical Journal, 630,* 250–268.

Laertius, D. (2008). *Leben und Meinungen berühmter Philosophen – Erster Band: Bücher I-VI/ Zweiter Band: Bücher VII-X. Sonderausgabe der PhB*. Hamburg: Meiner Verlag. ISBN 978-3-787-32043-1.

Lesch, H., & Müller, J. (2011). *Sterne – Wie das Licht in die Welt kommt*. Frankfurt a. M.: Goldmann. ISBN 978-3-442-15643-6.

Lichtenstein, P. (1515). *Almagestum Cl. Ptolemaei*. Venedig.

Mestel, L., & Spitzer, L. Jr. (1956). Star formation in magnetic dust clouds. *Monthly Notices of the Royal Astronomical Society, 116,* 503.

Nielbock, M., Launhardt, R., Steinacker, J., Stutz, A. M., Balog, Z., Beuther, H., Bouwman, J., Henning, T., Hily-Blant, P., Kainulainen, J., Krause, O., Linz, H., Lippok, N., Ragan, S., Risacher, C., & Schmiedeke, A. (2012). The earliest phases of star formation (EPoS) observed with Herschel: the dust temperature and density distributions of B68. *Astronomy & Astrophysics, 547,* A11.

Scheffler, H., & Elsässer, H. (1984). *Physik der Sterne und der Sonne*. Mannheim: B.I.–Wissenschaftsverlag. ISBN 978-3-411-01438-5.

Stebbins, J. (1910). The measurement of the light of stars with a selenium photometer, with an application to the variations of Algol. *Astrophysical Journal, 32,* 185.

Stutz, A. M., Rubin, M., Werner, M. W., Rieke, G. H., Bieging, J. H., Keene, J., Kang, M., Shirley, Y. L., Su, K. Y. L., Velusamy, T., & Wilner, D. J. (2008). Spitzer and HHT observations of Bok Globule B335: isolated star formation efficiency and cloud structure. *Astrophysical Journal, 687,* 389.

Weinberg, S. (1972). *Gravitation and cosmology: Principles and applications of the general theory of relativity* (1. Aufl.). New York: Wiley. ISBN 978-0-471-92567-5.

Whitford, A. E. (1939). Photoelectric observation of diffraction at the moon's limb. *Astrophysical Journal, 89,* 472.

Young, E. T. (2014). Die Geburt der Sterne. *Spektrum der Wissenschaft Spezial, 2,* 6.

Zimmermann, H., Weigert, A. (1999). *Lexikon der Astronomie*. Heidelberg: Spektrum Akademischer Verlag. ISBN 978-3-827-40575-3.

MIX
Papier aus verantwortungsvollen Quellen
Paper from responsible sources
FSC® C105338

If you have any concerns about our products,
you can contact us on
ProductSafety@springernature.com

In case Publisher is established outside the EU,
the EU authorized representative is:
Springer Nature Customer Service Center GmbH
Europaplatz 3, 69115 Heidelberg, Germany

Printed by Libri Plureos GmbH
in Hamburg, Germany